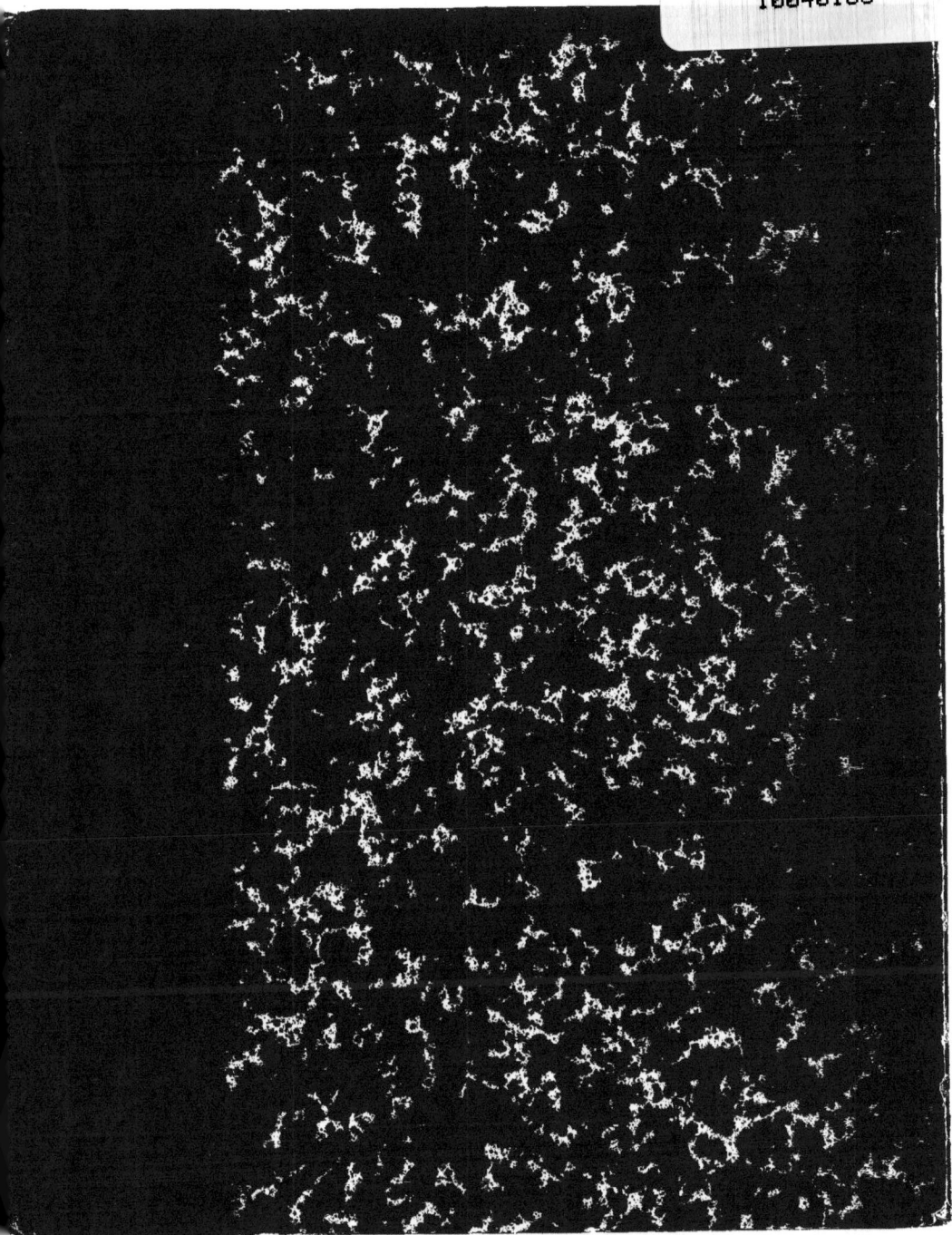

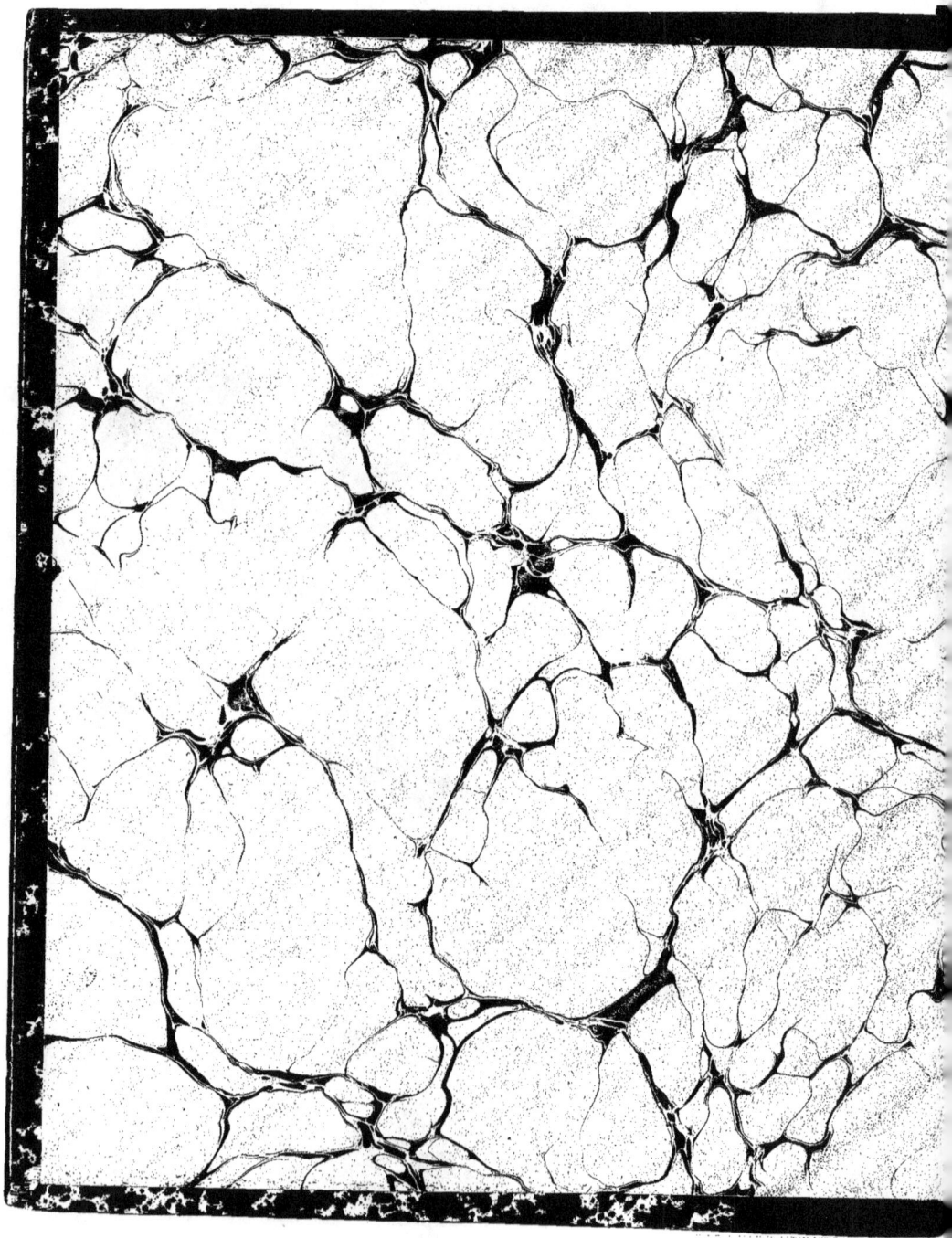

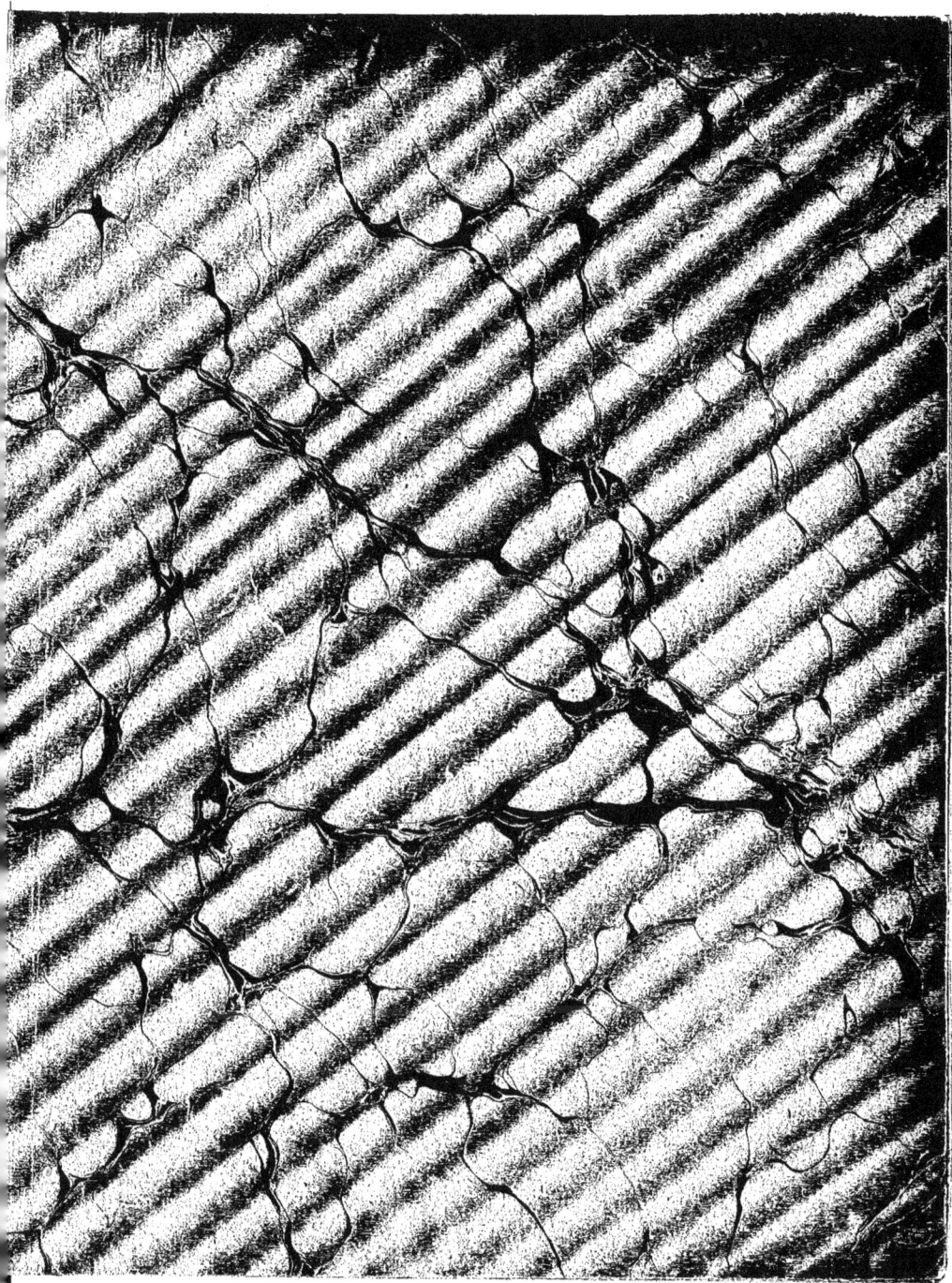

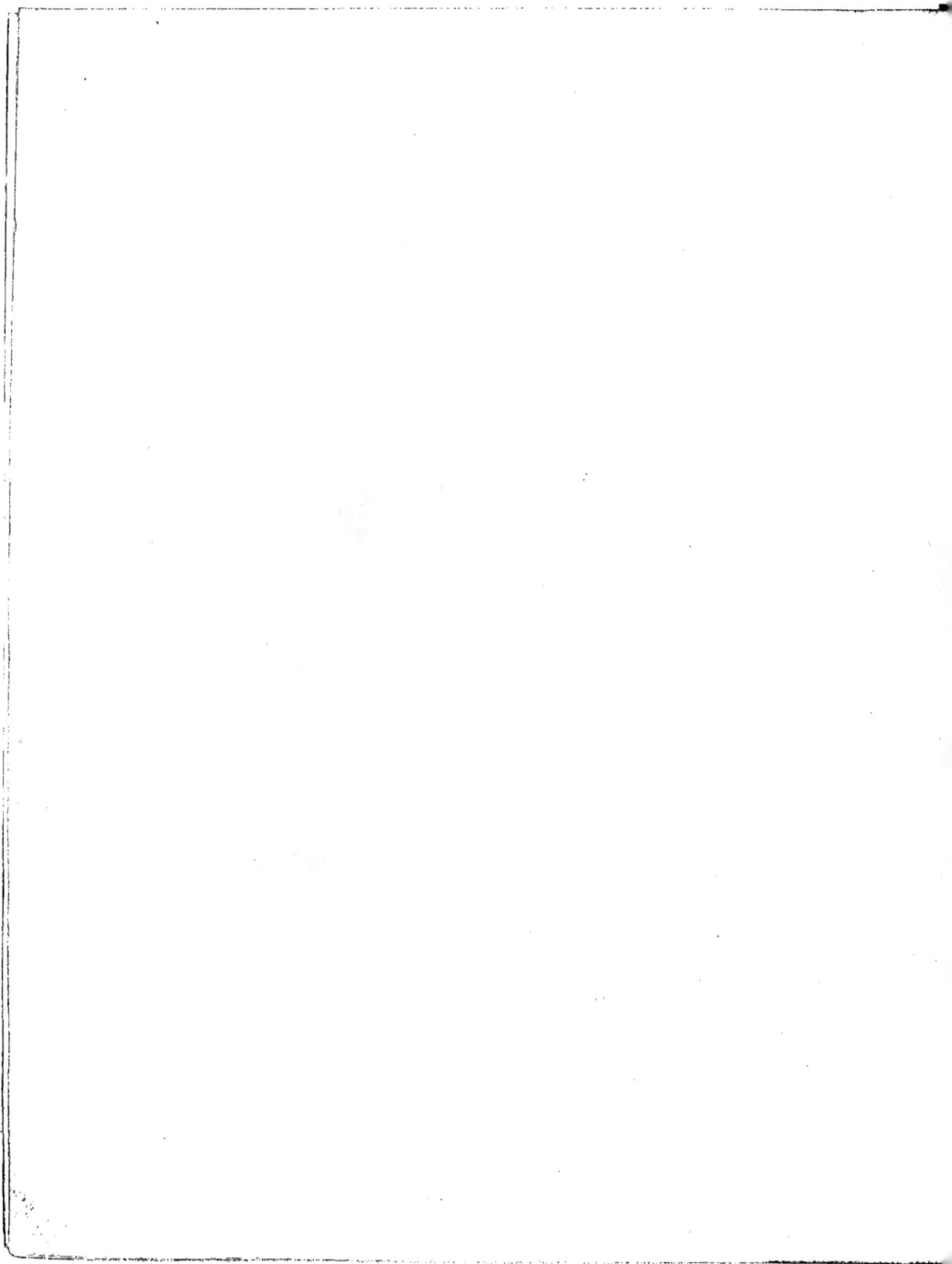

MÉMOIRES

PRÉSENTÉS PAR DIVERS SAVANTS

À L'ACADÉMIE DES SCIENCES DE L'INSTITUT DE FRANCE.

EXTRAIT DU TOME XXIV.

FLORE CARBONIFÈRE

DU DÉPARTEMENT DE LA LOIRE

ET DU CENTRE DE LA FRANCE,

PAR

F. CYRILLE GRAND'EURY,

INGÉNIEUR À SAINT-ÉTIENNE.

ATLAS.

PARIS.

IMPRIMERIE NATIONALE.

M DCCC LXXVII.

FLORE CARBONIFÈRE

DU

DÉPARTEMENT DE LA LOIRE

ET

DU CENTRE DE LA FRANCE.

LIBRAIRIE POLYTECHNIQUE DE J. BAUDRY,

RUE DES SAINTS-PÈRES, N° 15,

A PARIS.

FLORE CARBONIFÈRE

DU

DÉPARTEMENT DE LA LOIRE

ET

DU CENTRE DE LA FRANCE.

PRÉFACE.

Il y a environ douze ans que je m'occupe de botanique fossile à Saint-Étienne, en plein terrain houiller, et que je cherche à appliquer les changements de flore à la classification des dépôts carbonifères. Je n'ai rien publié jusqu'à présent; j'ai attendu que mes études fussent plus avancées, pour en faire un ouvrage plus complet.

Cet ouvrage comprend deux parties.

La première partie a pour objet la flore, peu connue et très-riche, du Plateau central de la France, où le terrain houiller supérieur, paraissant plus développé qu'en aucun autre pays, forme de nombreux bassins dont les végétaux fossiles analogues rentrent, en général, dans la flore de Saint-Étienne, que je décris, avec celle du grès à anthracite du Roannais, comme *Flore carbonifère du département de la Loire.*

La seconde partie traite des changements lents, il est vrai, mais importants à la longue et plusieurs fois renouvelés, que la flore carbonifère a successivement éprouvés et auxquels j'ai recouru : 1° pour fixer l'âge relatif des différentes formations carbonifères du globe en général et de la France en particulier; 2° pour établir le parallélisme et l'ordre de succession, par étages, des bassins houillers du centre et du midi de la France; et 3° pour raccorder les systèmes de gisement et les couches de houille du bassin de la Loire.

J'ai été dirigé dans l'appréciation des débris de plantes fossiles par M. Ad. Brongniart, l'illustre maître qui a tracé la voie à suivre, et je puis dire que c'est à ses conseils dévoués et à son haut encouragement que je dois d'avoir pu mener mes études à terme ; qu'il veuille bien agréer ici l'expression de ma plus vive reconnaissance. Je dois aussi remercier MM. Williamson, Schimper, Carruthers, Dawson, qui m'ont fourni quelques renseignements, avec une obligeance parfaite.

Afin de mieux classer les empreintes de plantes fossiles de Saint-Étienne, je les ai comparées à celles recueillies et nommées au Muséum, par les soins de M. Brongniart, depuis plus de cinquante ans, et provenant de presque toutes les parties du monde. Et, dans le but de déterminer plus exactement les rapports d'âge des différents systèmes de dépôts houillers, j'ai fait un certain nombre d'excursions en France et plusieurs voyages à l'étranger.

Pour mettre mon travail au courant des connaissances actuelles, j'ai pris à tâche de lire tout ce qui a été publié sur la matière, ce qui, à présent, est long et difficile, le nombre des écrits en allemand et en anglais sur les plantes fossiles étant devenu considérable, et beaucoup d'entre eux étant dispersés dans des recueils périodiques peu répandus.

Ce mémoire a été présenté par M. Brongniart à l'Académie et soumis à l'examen d'une commission composée de MM. Tulasne, Daubrée et Brongniart, rapporteur; l'impression en a été votée par l'Institut dans la séance du 12 août 1872. (Voir *Comptes rendus*, 2ᵉ sem. p. 391.) Jusqu'en 1875 j'ai continué activement mes recherches et résolu beaucoup de nouveaux problèmes touchant soit la botanique fossile, soit la stratigraphie des terrains carbonifères.

Saint-Étienne, le 1ᵉʳ juin 1875.

C. GRAND'EURY.

SOMMAIRE.

Première partie. Description, détermination et inventaire des débris de plantes ; restauration des principaux types.

Considérations générales : sur la nature de la flore et la physionomie de la végétation, sur le climat et la topographie de la période carbonifère, sur les conditions de dépôt du terrain houiller et la formation des couches de houille.

Seconde partie. Changements généraux de la flore; division en époques de la grande période carbonifère. — Âge relatif des principaux terrains carbonifères de l'hémisphère Nord en général et de la France en particulier.

Changements secondaires de la flore; recherche des étages naturels. — Synchronisme, parallélisme et ordre de superposition des bassins houillers isolés du centre et du midi de la France.

Modifications régionales et locales de la flore; zones et niveaux de végétation. — Correspondance des systèmes de gisement, raccordement et synonymie des faisceaux de couches et couches isolées du bassin houiller de la Loire.

FLORE CARBONIFÈRE

DU

DÉPARTEMENT DE LA LOIRE

ET

DU CENTRE DE LA FRANCE,

PAR M. F. CYRILLE GRAND'EURY,

INGÉNIEUR À SAINT-ÉTIENNE.

EXTRAIT DES MÉMOIRES PRÉSENTÉS PAR DIVERS SAVANTS
À L'ACADÉMIE DES SCIENCES.

ATLAS.

PARIS.

IMPRIMERIE NATIONALE.

M DCCC LXXVII.

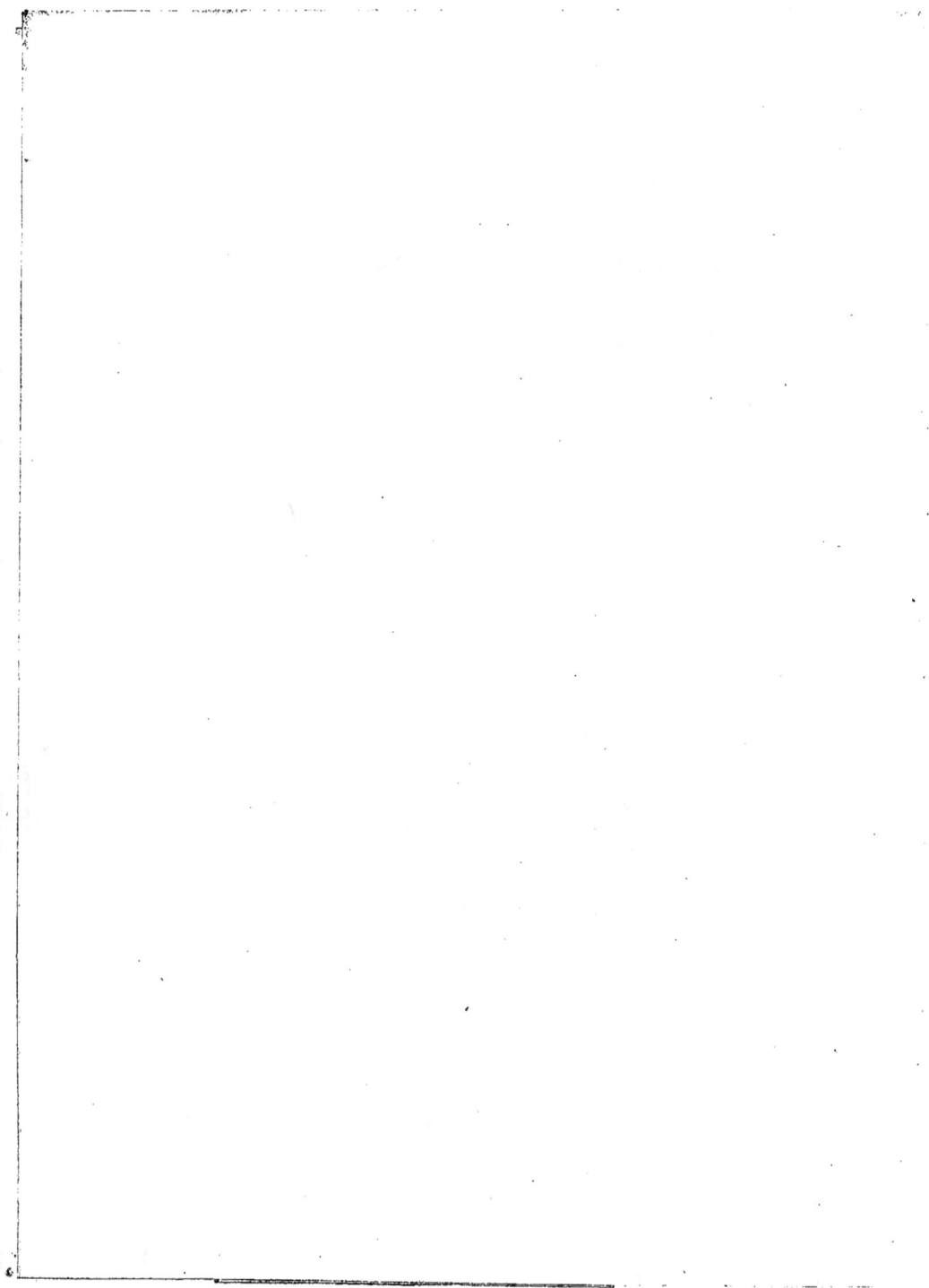

CARTE D'ÉTUDE
DU BASSIN HOUILLER DE LA LOIRE.

GISEMENTS DE VÉGÉTAUX FOSSILES.
RACCORDEMENT DES COUCHES.   DISLOCATIONS DU TERRAIN.

DÉPARTEMENT
DE L'OIRE

DÉPARTEMENT
DU RHONE

Coupe transversale par Rive-de-Gier.

Coupe transversale par Saint-Chamond.

Coupe N-S par Saint-Étienne.

Coupe NS par le Creît de Roeil.

Échelle de distance.

Fig. 1.

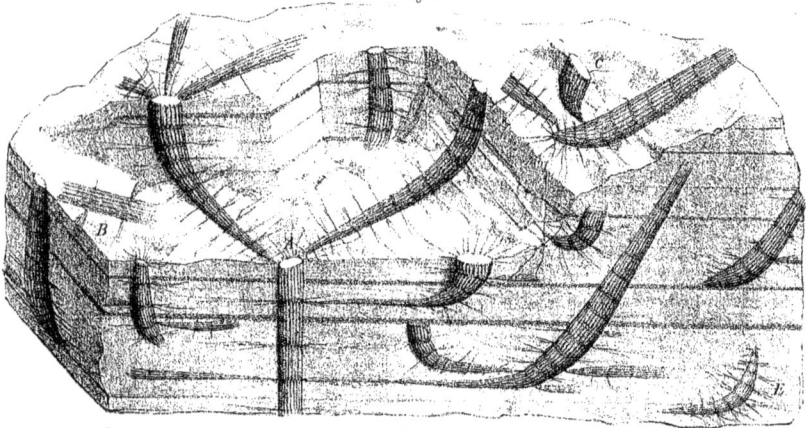

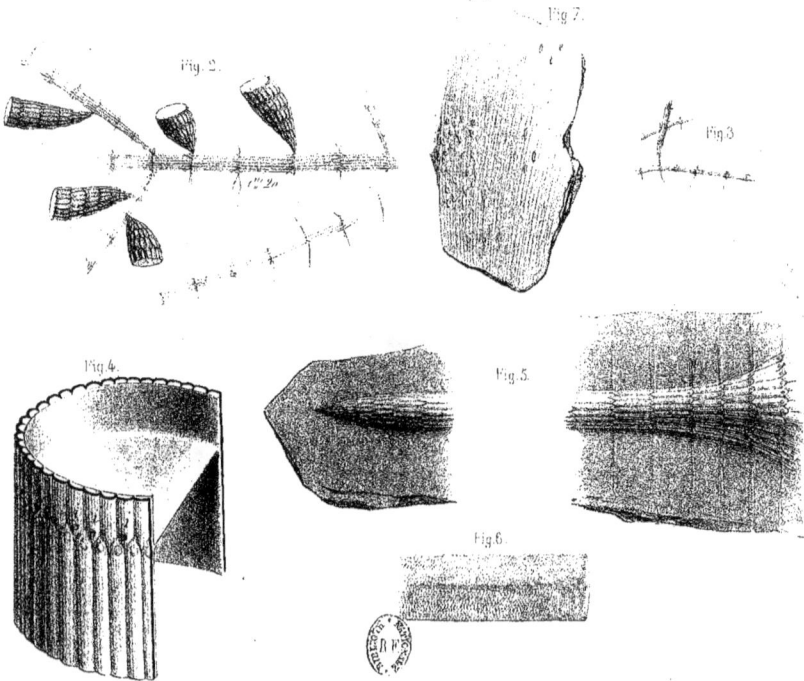

Fig. 2.   Fig. 7.   Fig. 3.   Fig. 4.   Fig. 5.   Fig. 6.

Ch. Cuisin, lith.   Imprimerie Nationale.

Fig. 1, 2, 3, 4, 5 et 6. *Calamites Suckowii*, Brong.   Fig. 7. *Hysterites Cordaitis*, Gr.

Pl. II.

Imprimerie Nationale.

Fig. 1, 2 et 3 *Calamites Cistii*, Brong.   Fig. 4 et 4' *Calamites ramosus*, Artis.

Mémoires présentés par divers Savants à l'Académie des Sciences, Tome XXIV.

Pl. III.

Fig. 1.

Fig. 4. $\frac{1}{3}$

0.30

Fig. 3.

Fig. 2.

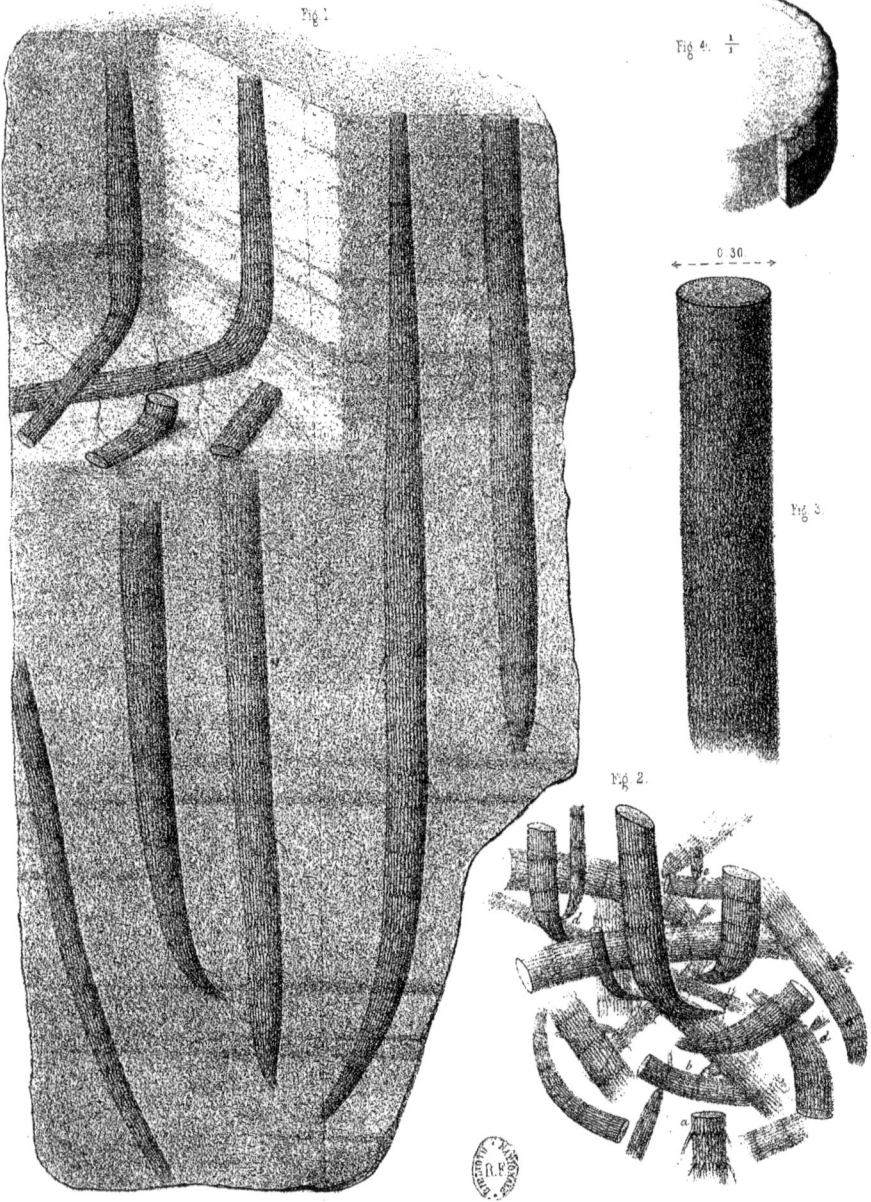

Ch. Cuisin, Lith.

Imprimerie Nationale.

Fig. 1 et 2 *Cal. Cannæformis*, Schl.   Fig. 3. *Cal. pachyderma*, Br.   Fig. 4. *Cal. anceps*.

Mémoires présentés par divers Savants à l'Académie des Sciences. Tome XXIV.

Pl. IV.

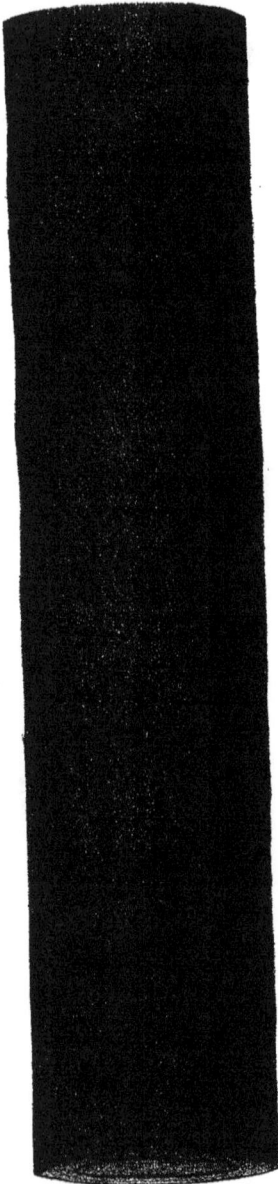

Ch. Cuisin lith.

Imprimerie nationale

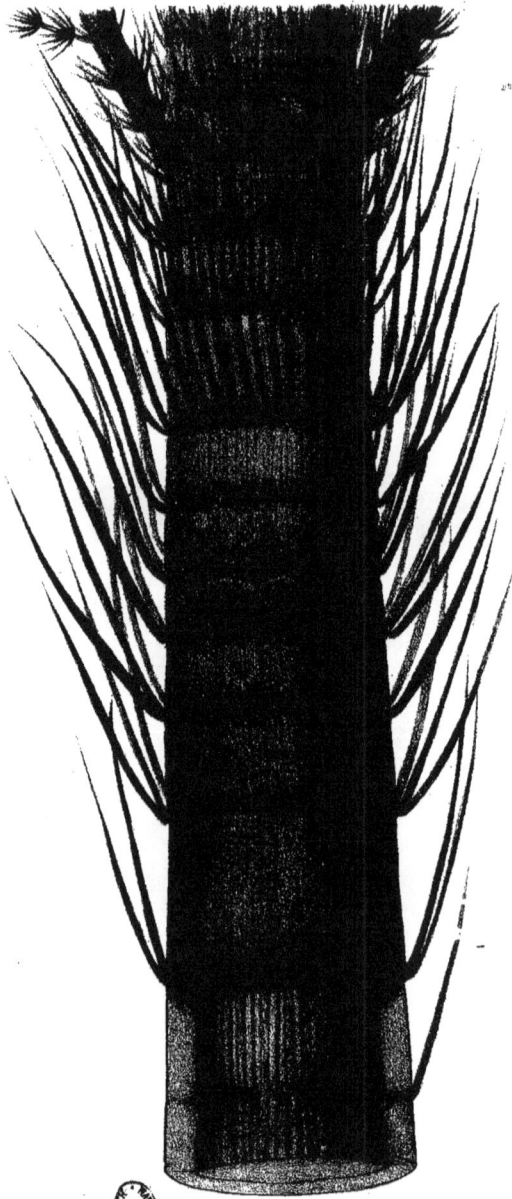

Calamophyllites, Endocalamites, Asterophyllites.

Fig. 1.

Fig. 2.

Fig. 3.

Fig. 4.

Fig. 5.

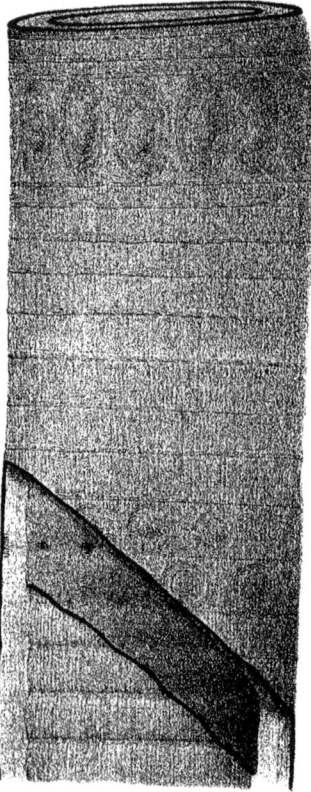

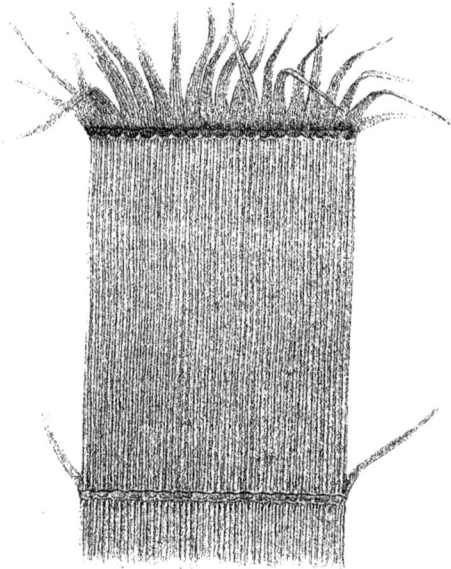

Ch. Cuisin, Lith.

Imprimerie Nationale

Fig. 1. 2 et 3. *Calamostachys.*   Fig. 4. *Equisetites dubius.*   Fig. 5. *Eq. Goeinitzii.*

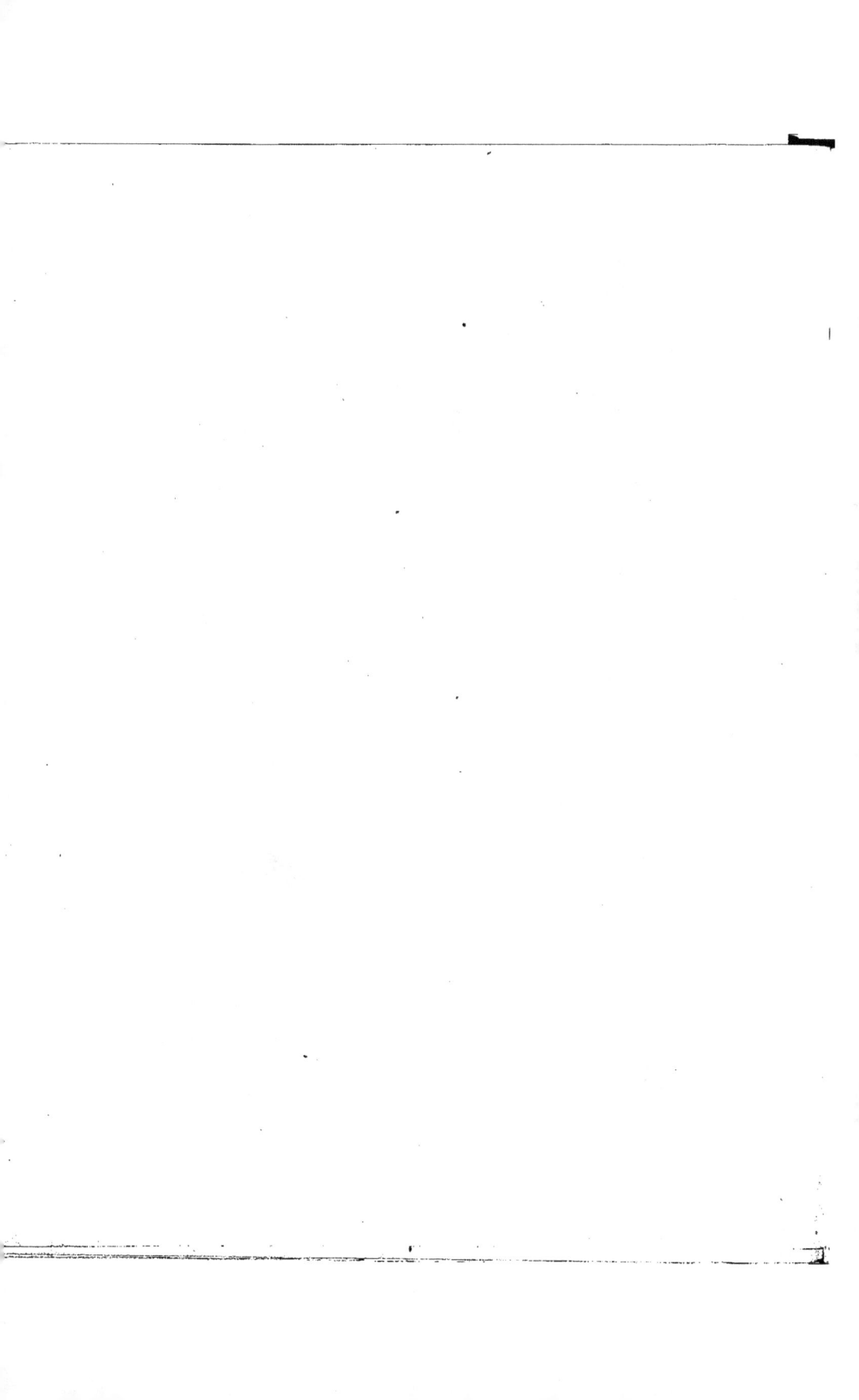

Mémoires présentés par divers Savants à l'Académie des Sciences. Tome XXIV.

Pl. VI.

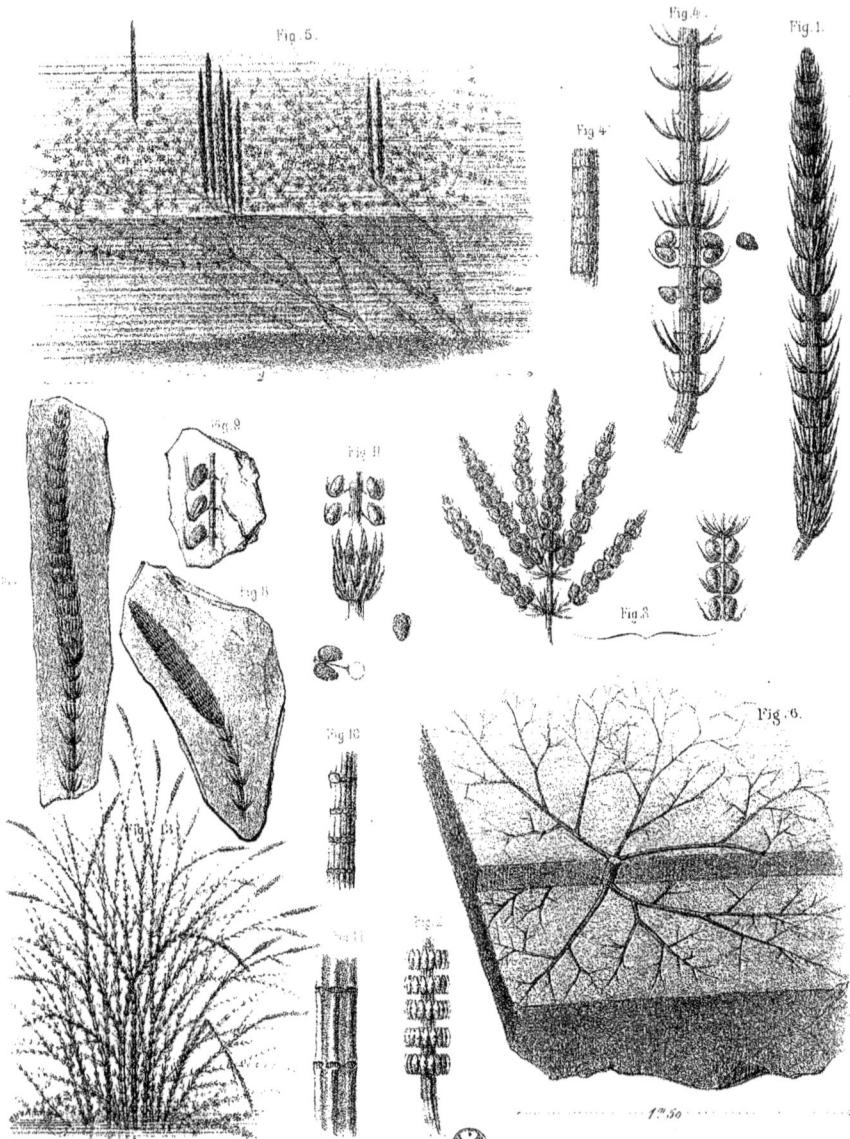

Fig. 5.

Fig. 2.

Fig. 4'.

Fig. 4.

Fig. 1.

Fig. 9.

Fig. 11.

Fig. 13.

Fig. 3.

Fig. 10.

Fig. 6.

Fig. 7.

Fig. 12.

1.50

Fig. 1. *Volkmania gracilis*. Presl. Fig. 2. *Volk. affoliata*. Fig. 3. *Volk. tessilis*. Presl. Fig. 4 et 4' *Bruckmania tuberculata*. Stern.
Fig. 7, 8, 9 et 10. *Sphenophyllum angustifolium*, Germ. Fig. 11, 12. *Sph. oblongifolium*. Germ.
Fig. 5. Port de l'*Annularia longifolia*, Brong. Fig. 6. *Pinnularia*. L. et H. Fig. 13. Touffe de *Sphenophyllum*.

Pl. VII.

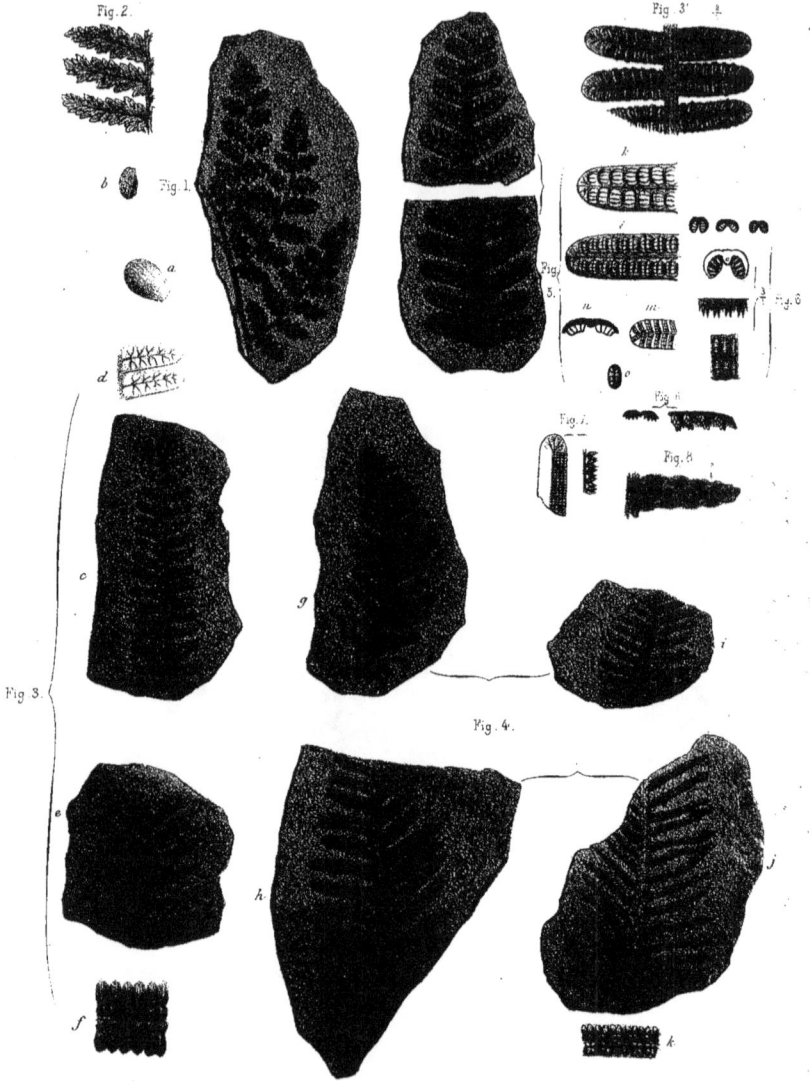

Fig. 2.

Fig. 1.

Fig. 3'.

Fig. 5.

Fig. 6.

Fig. 7.

Fig. 8.

Fig. 3.

Fig. 4.

Ch. Cuisin, lith.

Imprimerie Nationale.

Fig. 1. et 2. *Pecopteris. Sphenopteroides.*
Fig. 6. et 6'. *Pecop. Angiotheca.*

Fig. 3 et 3'. *Pecop. cuneva, schimp.*
Fig. 5. *Pecop. Marattiotheca.,* Gr.

Fig. 4. *Pecopt. Alethopteroides.*
Fig. 7. *Pecop. Danaeotheca.*

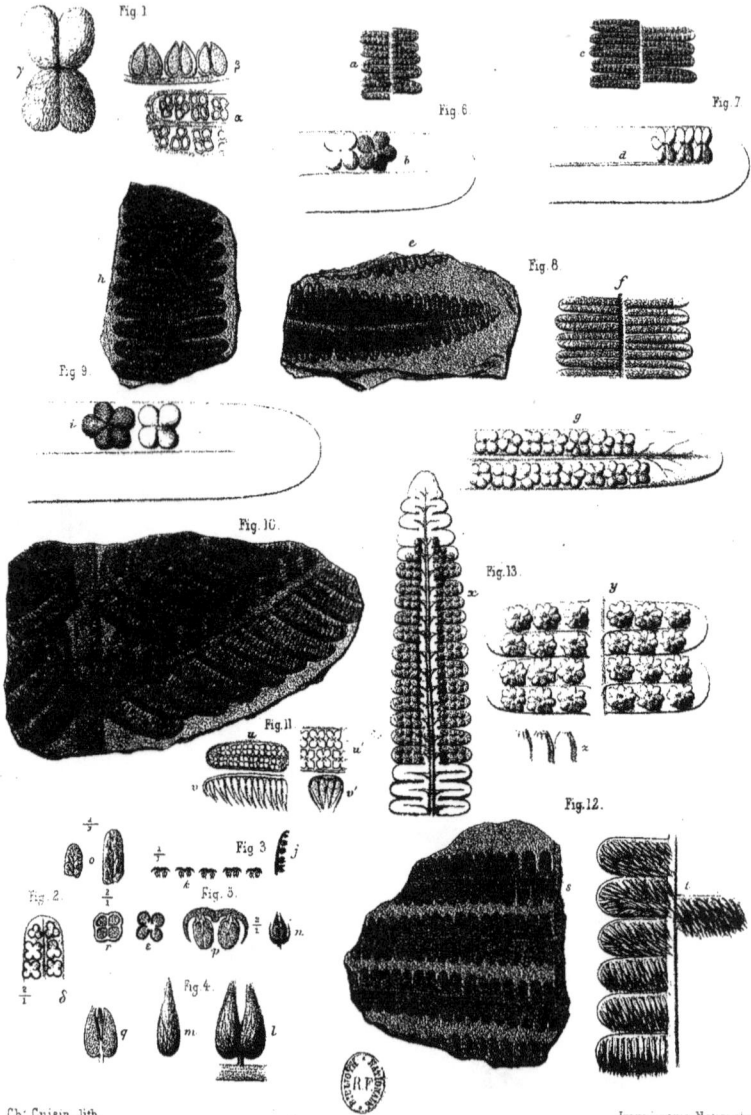

Imprimerie Nationale

Fig. 1 et 2. *Asterotheca*, Presl.   Fig. 7. *P. Cyathea*, Br.   Fig. 10 et 11. *P. polymorpha*, Br.
Fig. 3, 4 et 5. *Scolecopteris*, Zenk.   Fig. 8. *P. Candolleana*, Br.   Fig. 12. *P. fertilis*, Gr.
Fig. 6. *Pecopteris arborescens*, Br.   Fig. 9. *P. hemitelioides (prior)*.   Fig. 13. *Goniopteris unita*, Br.

Fig. 3.

Fig. 1.

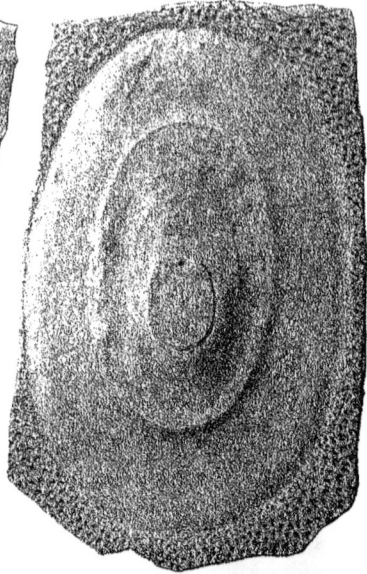

Fig. 4.

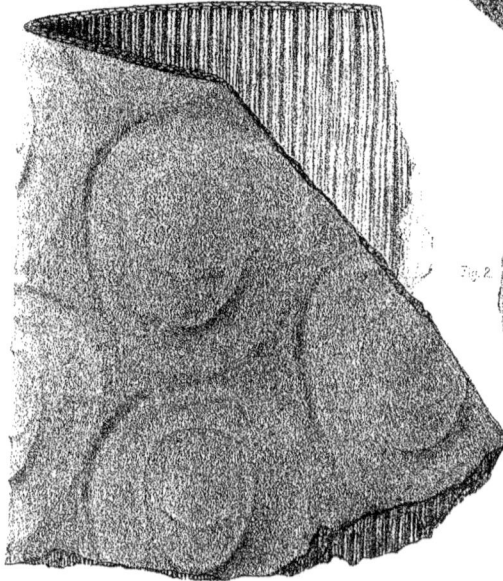

Fig. 2.

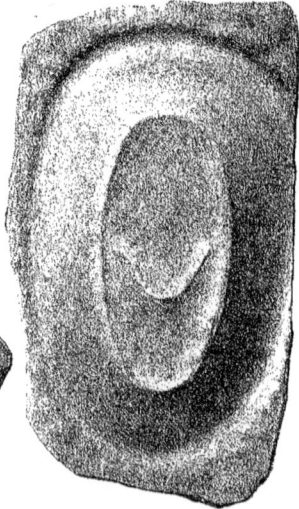

Ch. Cuisin lith.

Imprimerie Nationale.

Fig. 1. *Caulopteris perfecta*, Gr.

Fig. 2. *Caul. peltigera*, Br.
Fig. 4. *Caul. endochica*, Gr.

Fig. 3 *Caulopteris minor*, Schimper.

Nota. — Ces figures dessinées sur empreintes, représentent en réalité ce qui est en creux.

Fig. 2

Fig. 1

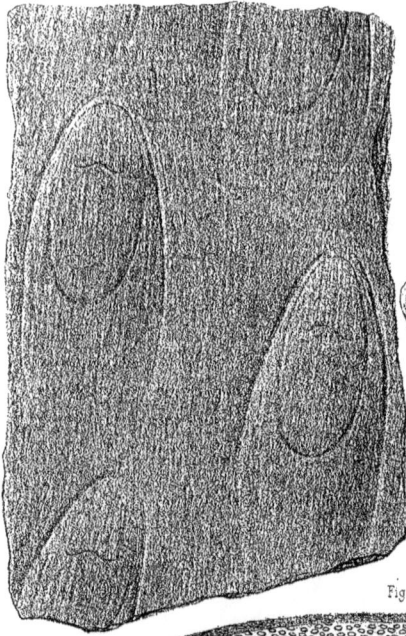

Fig. 3.

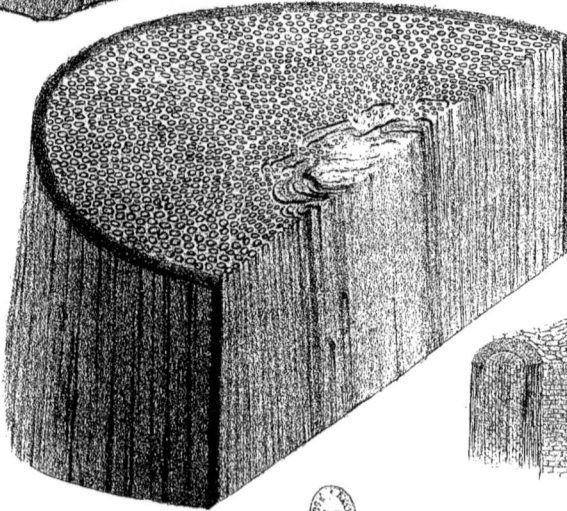

Fig. 4.

Ch. Cuisin lith

Imprimerie Nationale.

Fig. 1. *Caulopteris protopteroides*, Gr.   Fig. 2. *Ptychopteris obliqua*. Germar.   Fig. 3 et 4. *Tubicolites*, Gr.

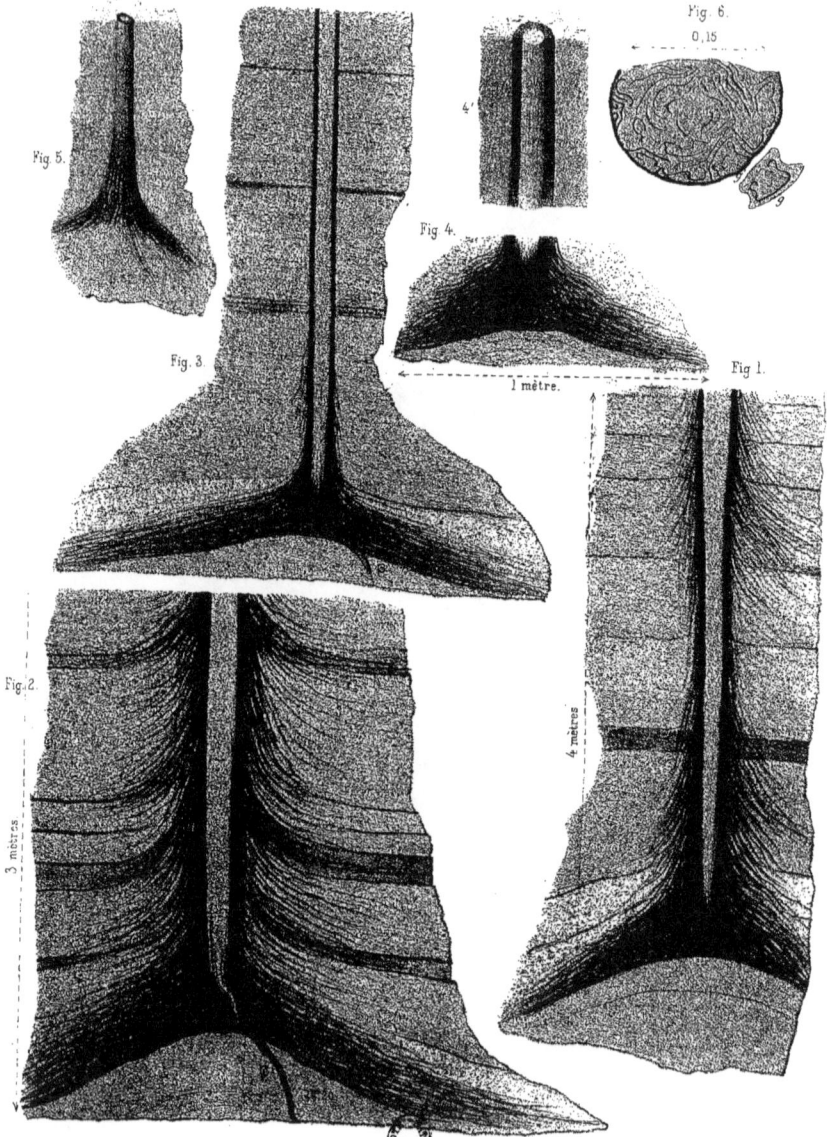

Fig. 6.

0,15

Fig. 5.

Fig. 3.

Fig. 4.

1 mètre.

Fig 1.

Fig. 2.

3 mètres

4 mètres

Psaronius in loco natali. Gr.

Mémoires présentés par divers Savants à l'Académie des Sciences, Tome XXIV.

Pl. XII.

Odontopteris Reichiana, Gut.   *Cyclopteris*, Br.   *Aulacopteris*, Gr.

Fig. 3.

Fig. 2

Fig. 1.

$\frac{2}{1}$

Fig. 9.

Fig. 4.'

Fig. 6.

Fig. 7

Fig. 5

Fig. 4."

Fig. 8.

Fig. 4.

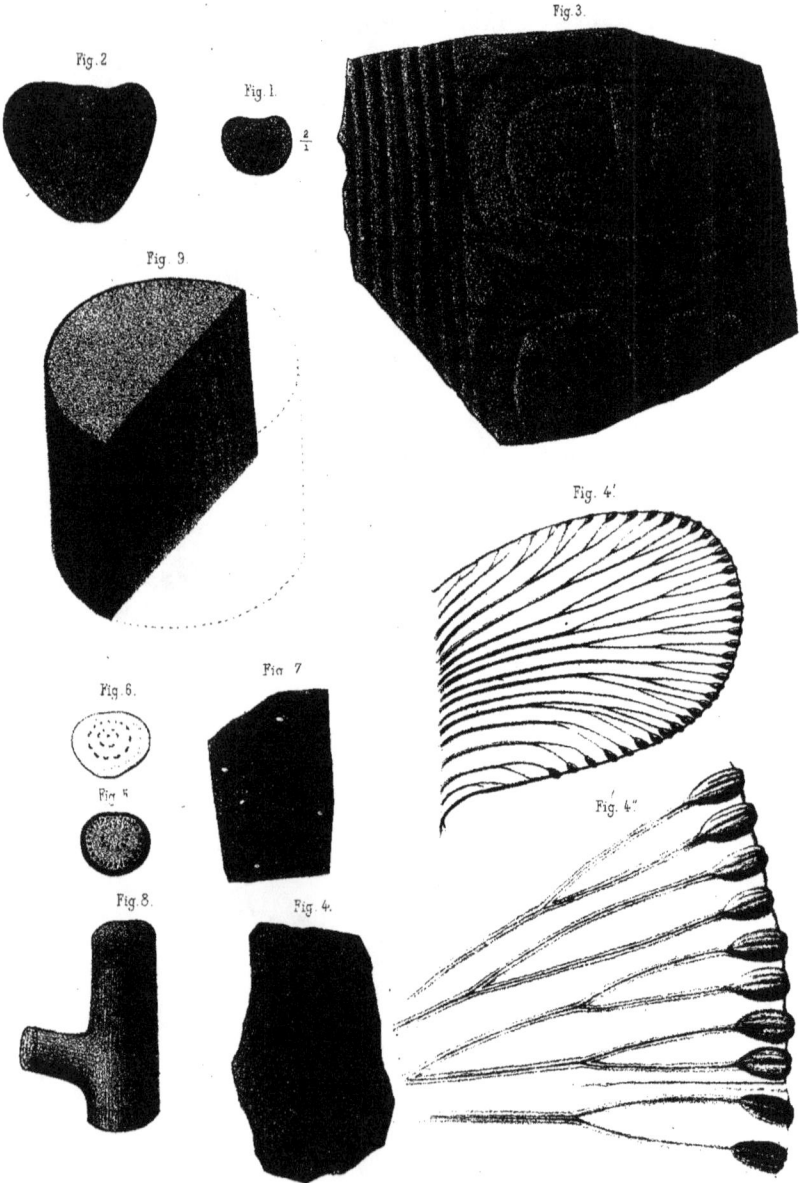

Fig. 1. *Rachiopteris forensis.* Fig. 2. *Stipitopteris.* Fig. 3. *Megaphytum.* Fig. 8. *Medullosa.*
Fig. 9. *Medullosa simplex.* Fig. 7. *Epiderme de Medullosa.* Fig. 4, 4' et 4" *Odontopteris sorifera.*

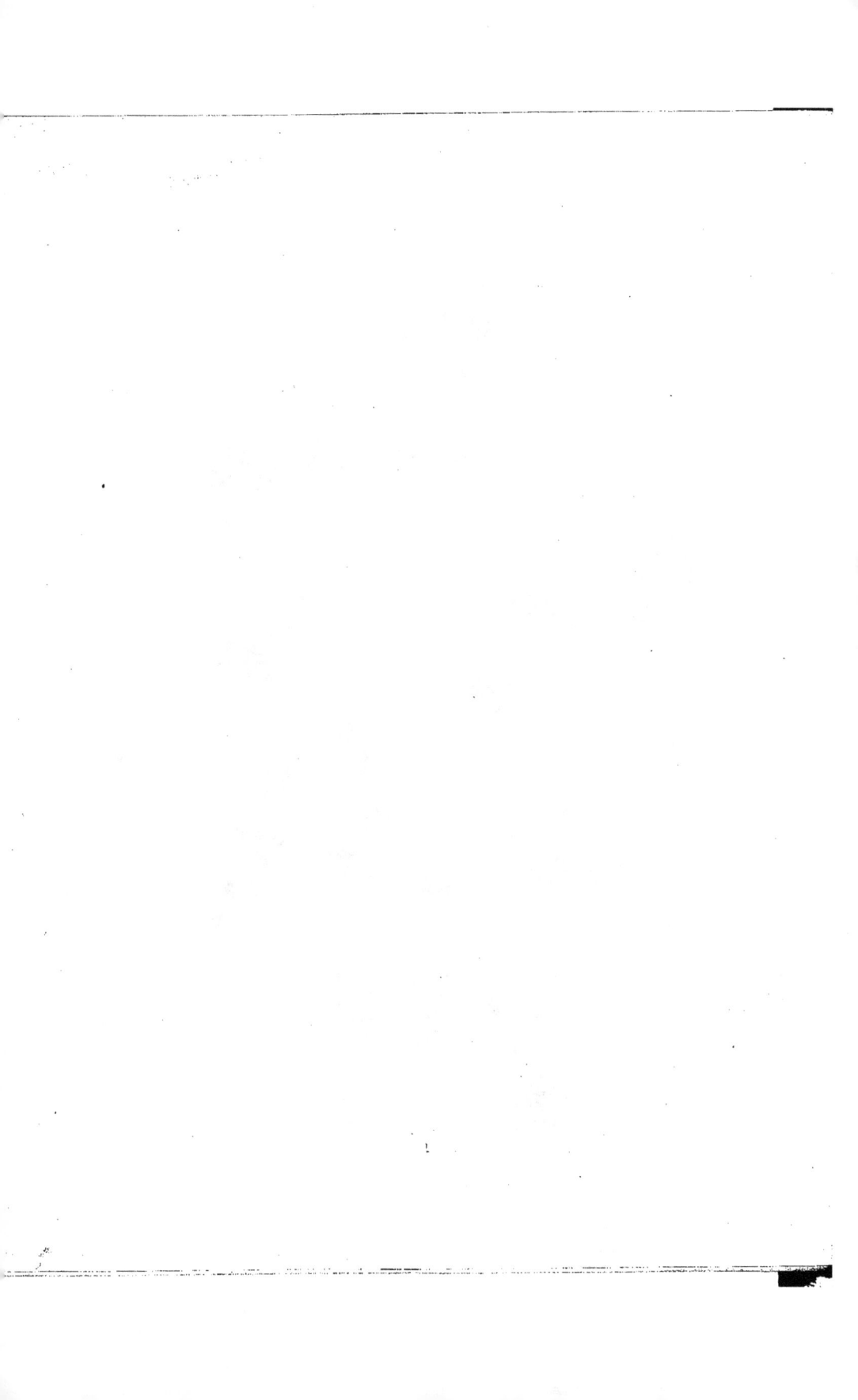

Fig. 1.

2/1

Fig. 8.

Fig. 6.

Fig. 4.

Fig. 5.

Fig. 2.

Fig. 3′.

Fig. 3.

Fig. 7′

Fig. 7.

Fig. 10.

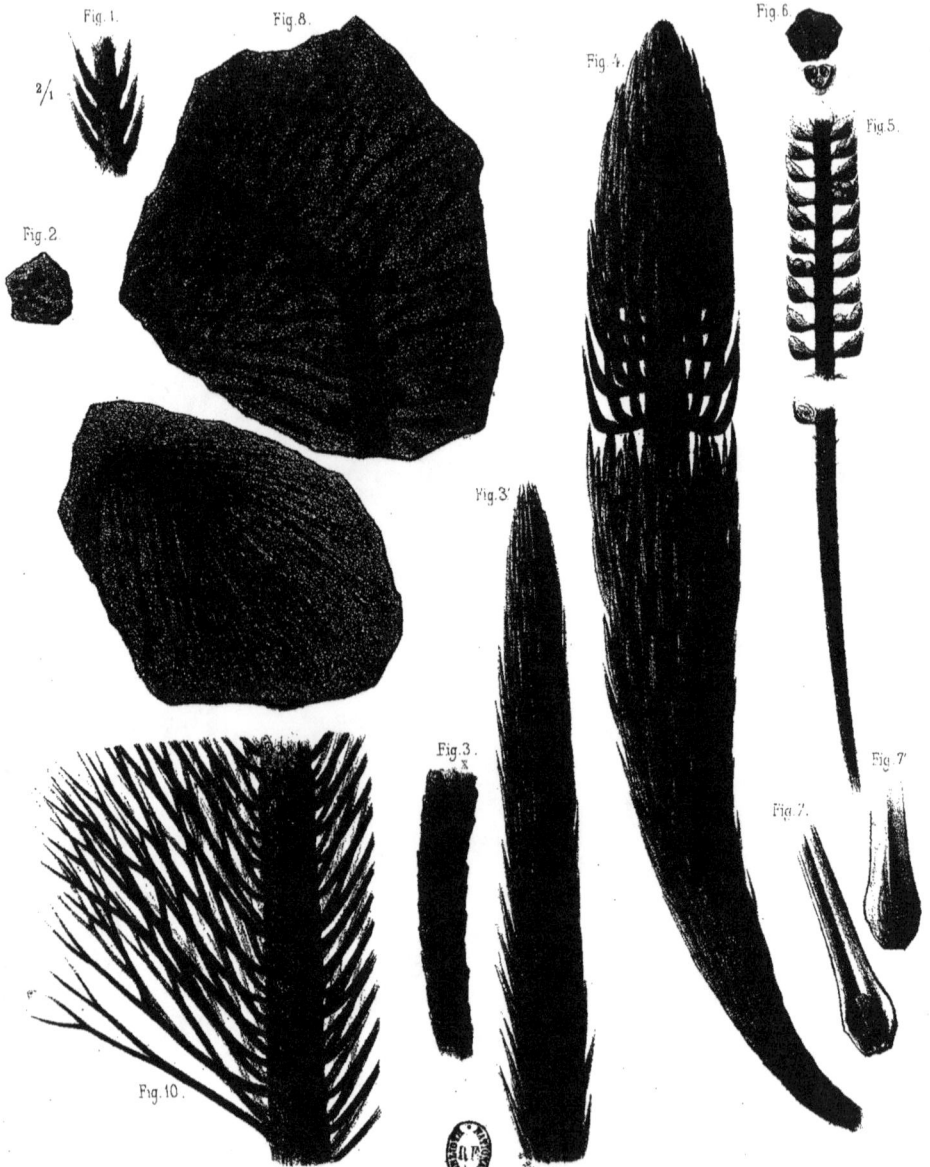

Fig. 1. *Lycopodites decussatus.* Fig. 2. *Macrospores.* Fig. 3 et 3′. *Sigillariocladus.* Fig. 4 et 5. *Sigillariostrobus rugosus et mirandus.*
Fig. 6. *Flegmingites.* Fig. 7. *Sigillariophyllum fractiferum.*
Fig. 8, 9 et 10. *Dicranophyllum gallicum.*

Mémoires présentés par divers Savants à l'Académie des Sciences, Tome XXIV.

Pl. XV.

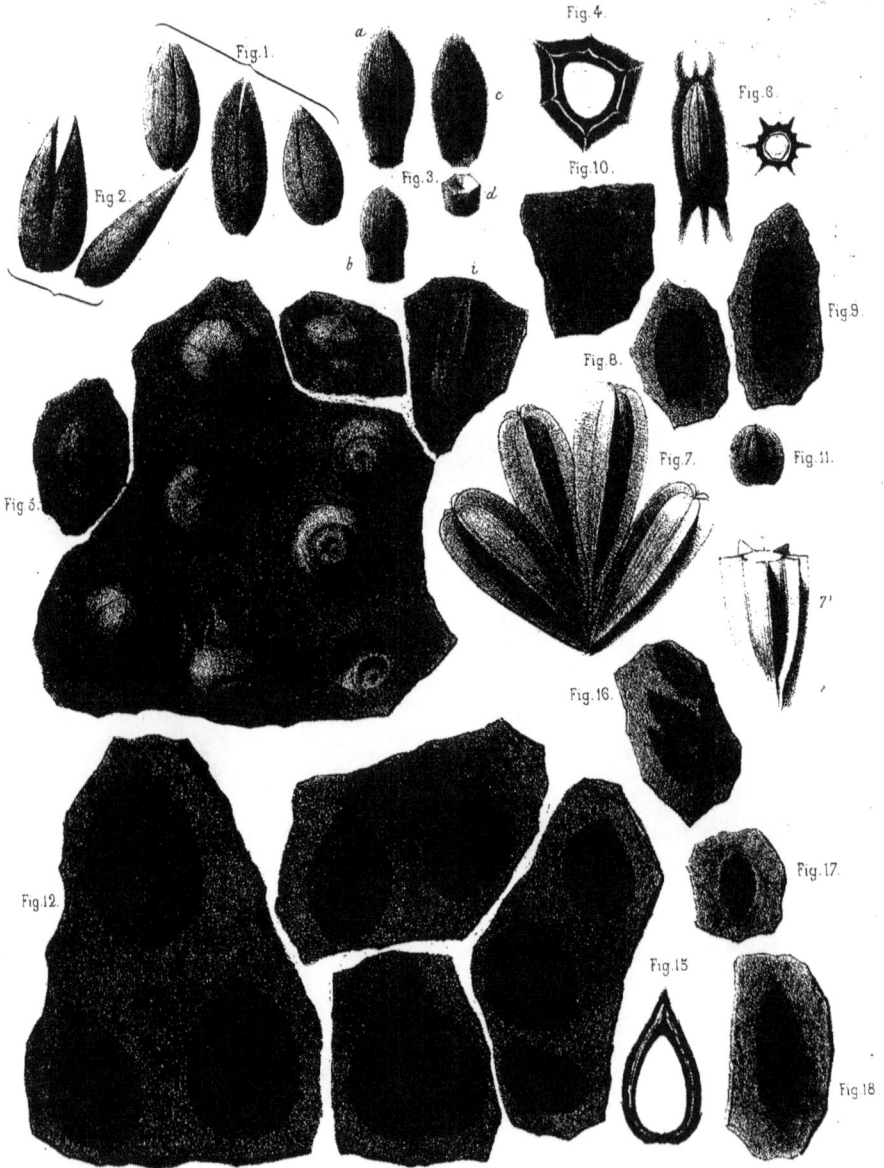

Fig. 1, 2 et 3. *Trigonocarpus* Br.   Fig 4. *Tripterospermum* Br.   Fig. 5. *Codonospermum* Br.   Fig. 6. *Polylophospermum* Br.
Fig. 7, 8, 9, 10, 11. *Polypterocarpus*   Fig. 12, 13, 14, 15. *Rhabdocarpus* Göpp. et Berg.   Fig. 18. *Carpolithes sulcatus?* Presl.

Ch. Cuisin lith.

Imprimerie Nationale.

Fig.1. *Folioles diverses de Doleropteris*.   Fig. 2,3,4. *Polypterocarpus*.
Fig. 5. *Pachytesta gigantea*.

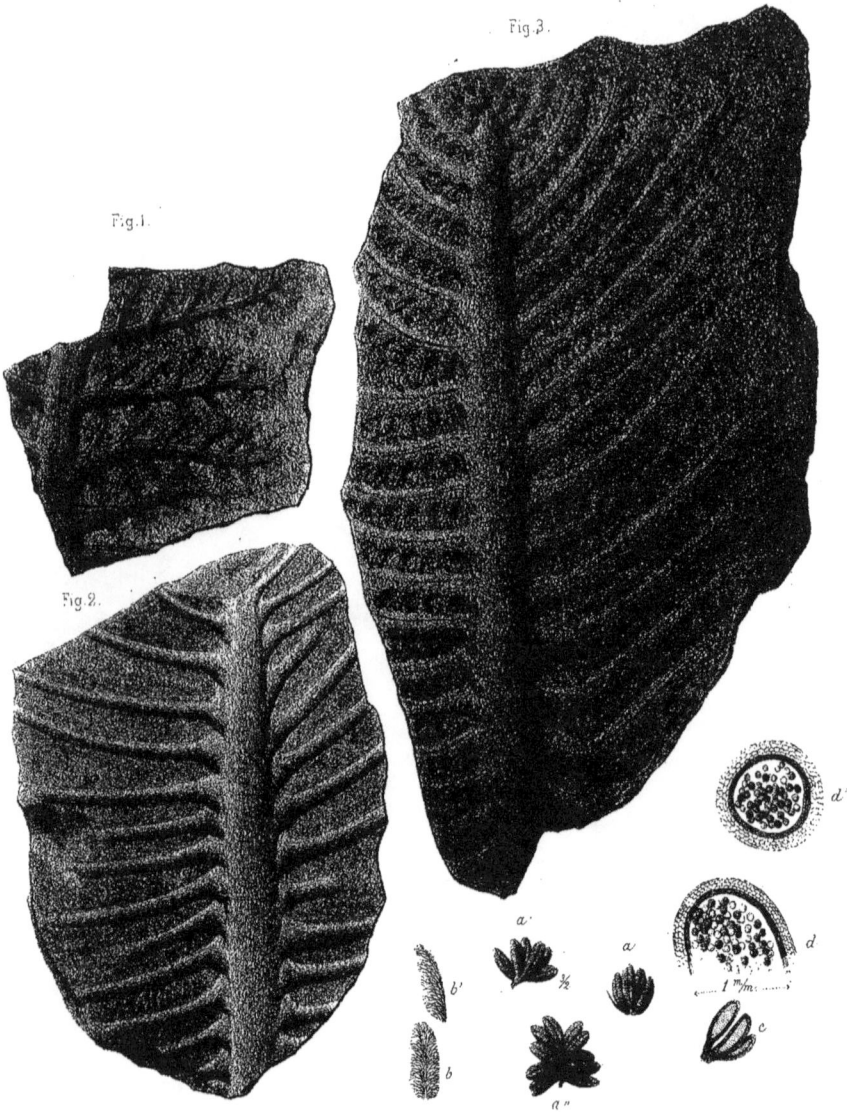

Fig. 3.

Fig. 1.

Fig. 2.

Fig. 1. *Schizopteris pinnata* n. sp.   Fig. 2. *Schizopteris Cycadina* n. sp.
Fig. 3 et a, b, c, d. *Androstachys frondosus*. Gr.

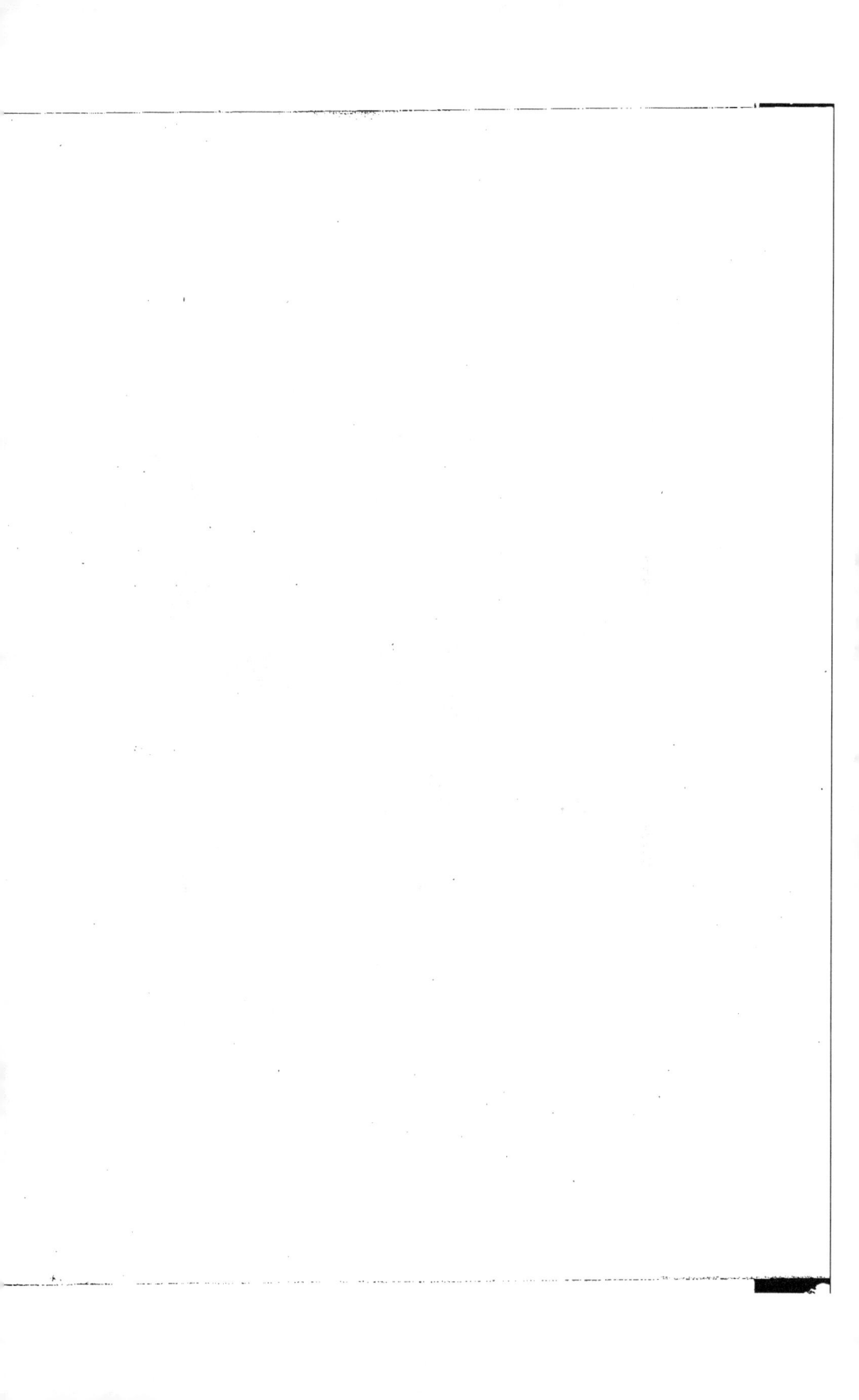

Fig. 4. Fig. 5. Fig. 6. Fig. 7. Fig. 8.

Fig 2.

Fig. 1.
50/1

Fig 1'.

Fig 1".

1/1

Fig. 3'.

20/1 Fig. 3.

Fig. 1, 2 et 3. *Structures de Cordaïtes.*   Fig. 4, 5, 6, 7 et 8. *Dory - Cordaïtes.*

Feuilles de 0ᵐ.60 à 0ᵐ.80 de longueur

nsin, lith.

Imprimerie Nationale

Cordaïtes anguloso-striatus

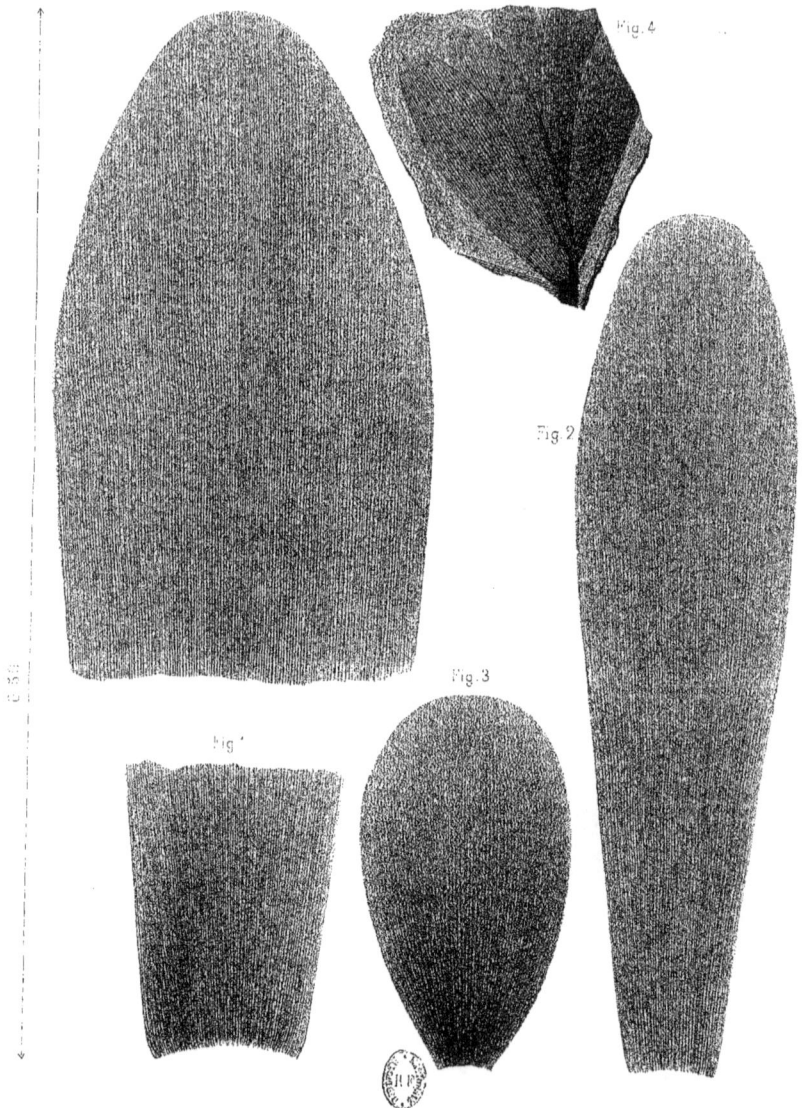

Pl. XX.

Fig. 4

Fig. 2

Fig. 3

Fig. 1

Cordaïtes lingulatus. in.

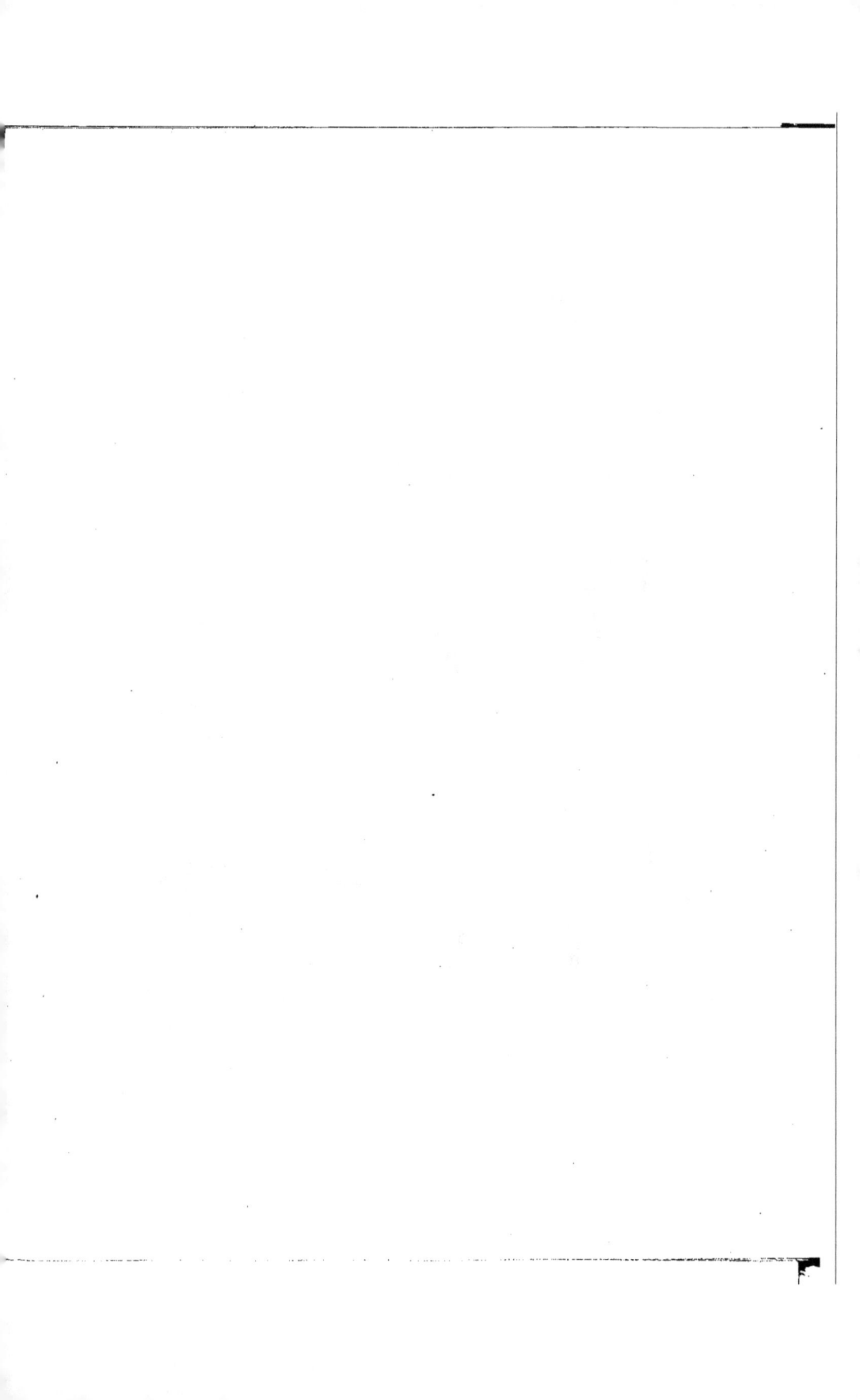

Mémoires présentés par divers Savants à l'Académie des Sciences. Tome XXIV.

Pl. XXI.

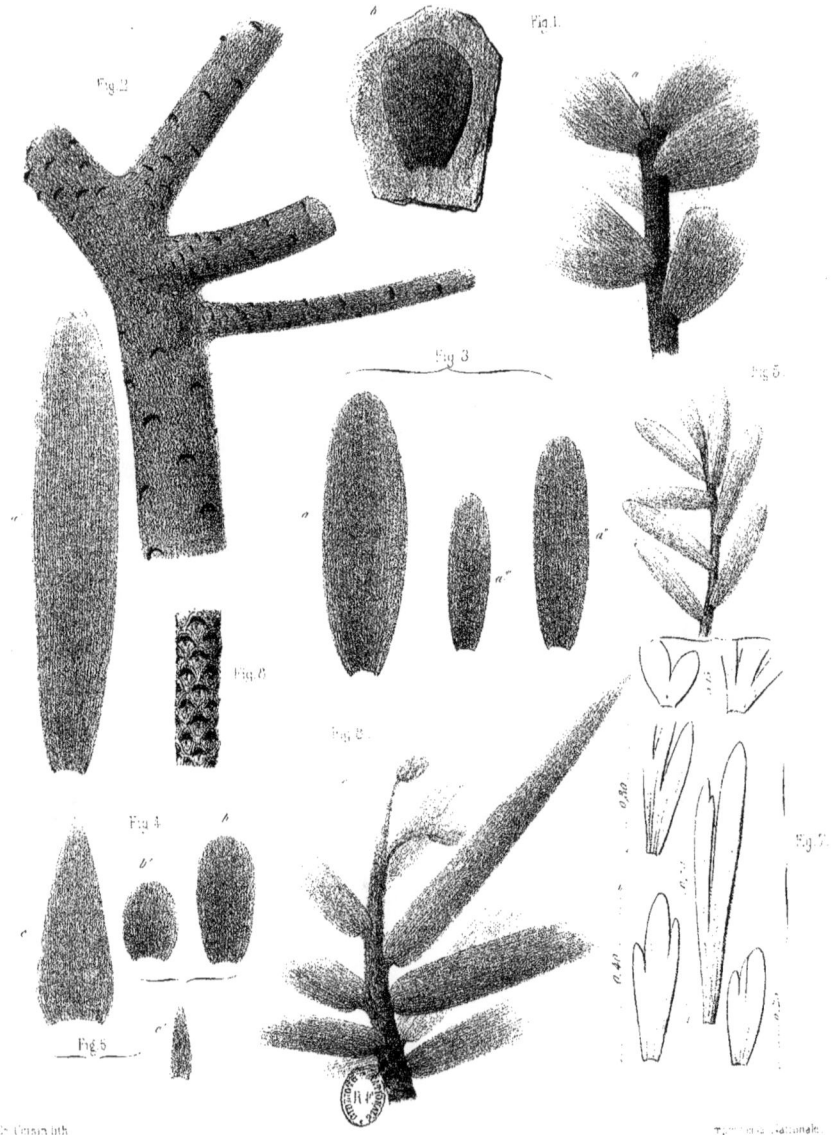

Cordaites quadratus. Fig. 3. (a, a', a", a"') *Cordaites foliolatus.* Fig. 8. *Cordaites alloidius.*
Fig. 6. *Cordaites acutus.* Fig. 7. *Croquis de Cordaites patulus.*

Fig. 3

Fig. 1

Fig. 2

Fig. 4

0.40.

Cn. Cuisin lith. Imprimerie Nationale.

Cordaïtes intermedius, m.

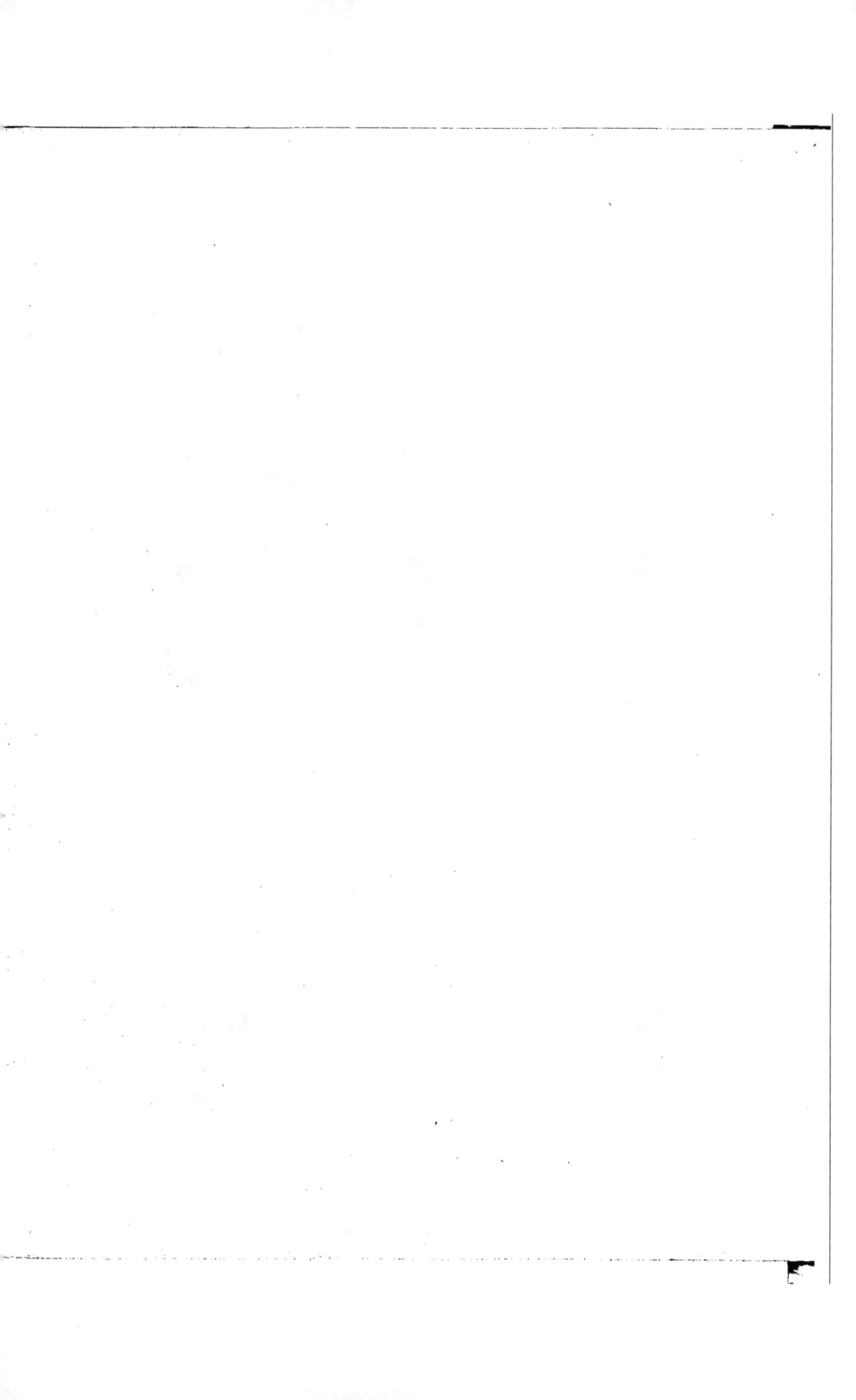

Mémoires présentés par divers Savants à l'Académie des Sciences, Tome XXIV.

Pl. XXIII.

Fig 1.

Fig 3.

Fig 4.

Poa Cordaites linearis Gr.

Ch Cuisin lith.

Imprimerie Nationale

Fig.1,2. *Poacordaïtes linearis.*
Fig.6. *Cordaïanthus racemosus*

Fig.4. *Poacordaïtes oxyphyllus.*
Fig.7. *Corpolithes disciformis*

Ch Guisin lith.

Imprimerie Nationale.

Régimes fructifères et inflorescences de Cordaïtes.

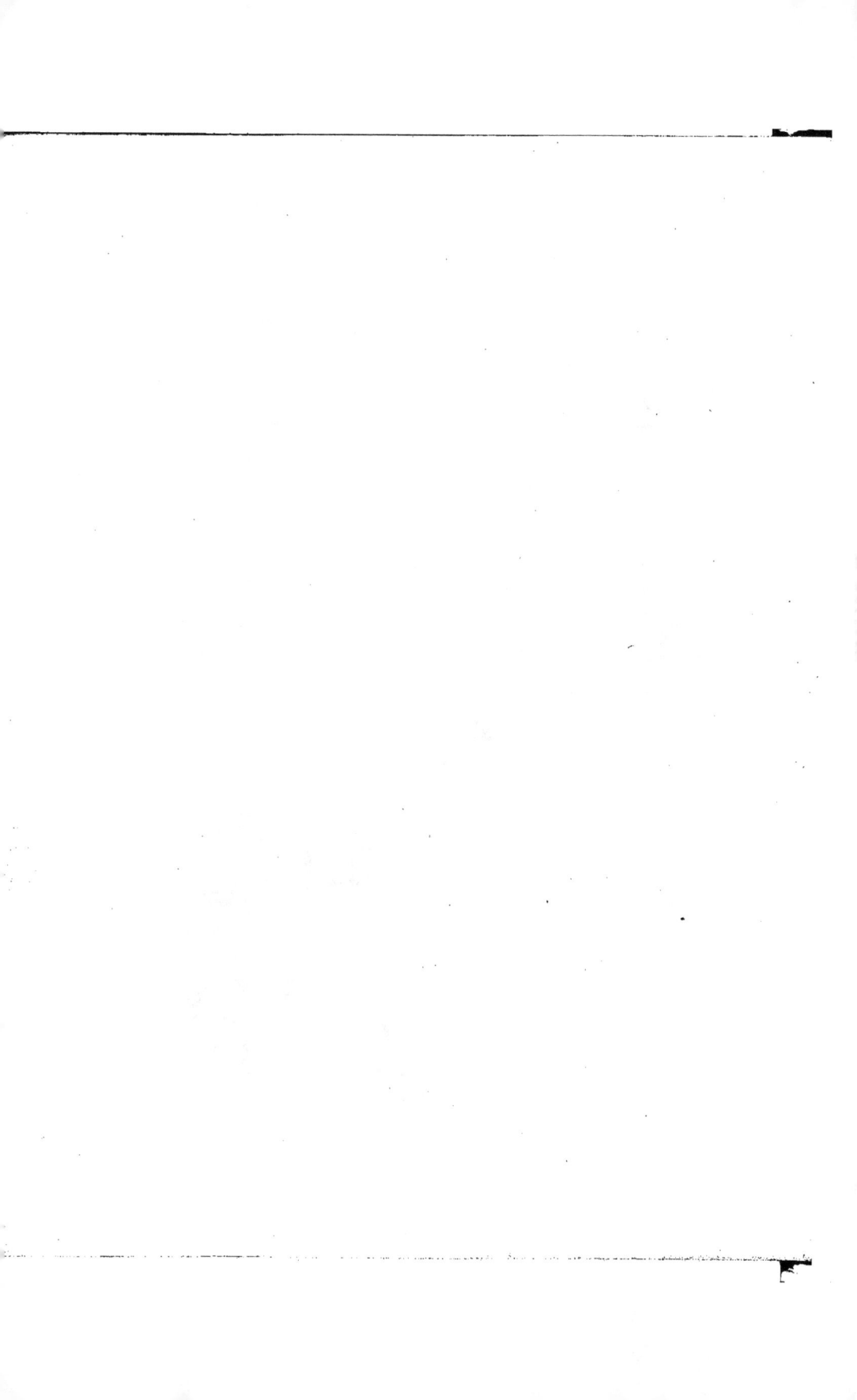

Mémoires présentés par divers Savants à l'Académie des Sciences. Tome XXIV.

PL. XXVI.

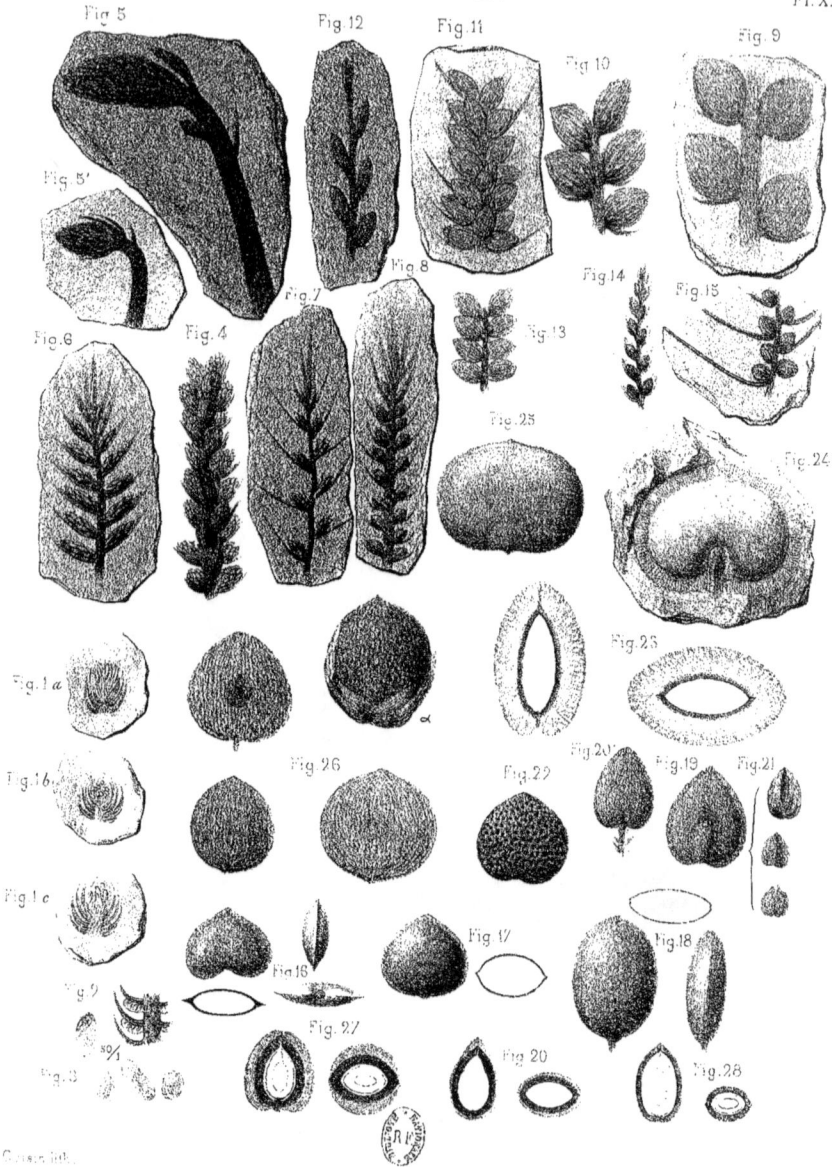

Fig.1 et 2. *Bourgeons floraux mâles de Cordaïtes.*   Fig. 3. *Grains de pollen.*   Fig. 4,5,6 et 7. *Cordaianthus gummifer.*
Fig. 8,9,10,11,12,13,14 et 15. *Cordaianthus baccifer.* Fig.16,17,18. *Cordaicarpus major. ventricosus. vellaus.*   Fig 19. 20,21 C. *Gutbieri. ovatus. congruens.*
Fig. 22. *Cordaicarpus punctatus*, Gr. Fig. 23. 24. 25. C. *drupaceus, expansus, reniformis.*
Fig.26, C. *eximius.*   Fig.27. *Diplotesta Grand'Euryana.* Bron. Fig.28. *Carpolithes avellanus.*

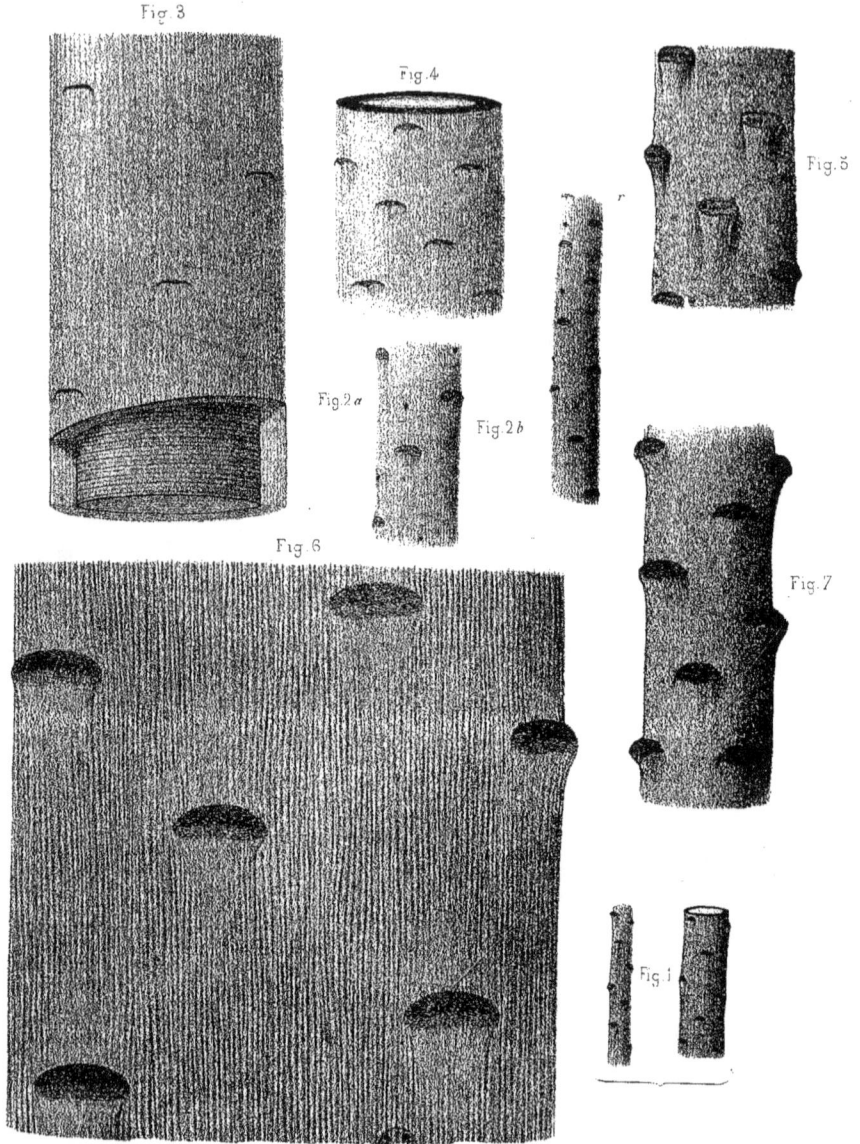

Fig. 3

Fig. 4

Fig. 5

r

Fig. 2 *a*

Fig. 2 *b*

Fig. 6

Fig. 7

Fig. 1

Ch. Cuisin lith.

Imprimerie Nationale.

Fig. 1 et 2. *Rameaux de Poa-Cordaites.*   Fig. 3 et 4. *Cordaicladus idoneus.*   Fig. 5. *C. ellipticus.*

Mémoires présentés par divers Savants à l'Académie des Sciences, Tome XXIV.

Pl. XXVIII.

Fig. 1.

Fig. 2.

Fig. 4.

Fig. 5.

s

Fig. 3.

Fig. 7.

Fig. 6.

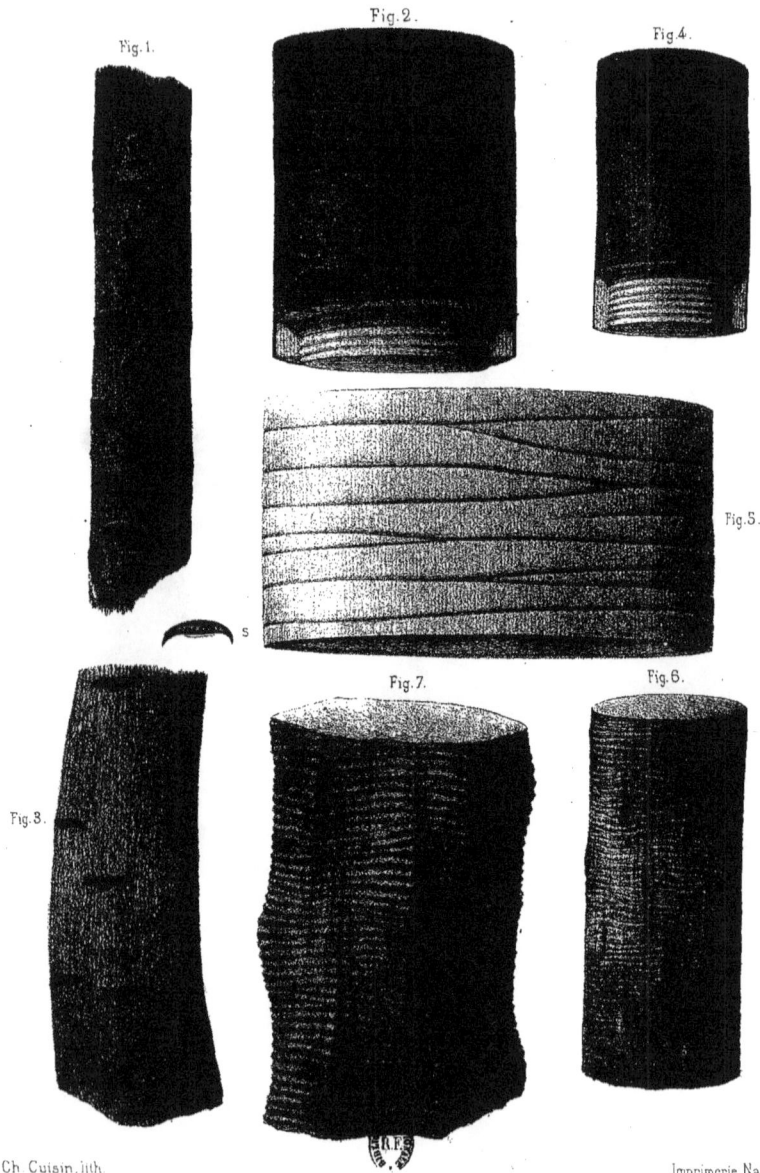

Fig. 1 et 2. *Cordaïcladus sub Schnorrianus*   Fig. 3. *C. Selenoïdes.*
Fig. 5, 6 et 7. *Artisia distans, approximata et angulosa.*

Mémoires présentés par divers Savants à l'Académie des Sciences. Tome XXIV.

Pl. XXIX.

Fig. 1 et 2. Rameau jeune et tige adulte de Cordaïtes
Fig. 3 et 4. Souches de Cordaïtes

Fig. 6, 7, 8, 9, 10 et 11. Exemples divers
de tiges fossiles de Cordaïtes.
Fig. 12. Struct. du bois charb.⁰ⁿ de Cordaïtes.

Fig. 5. Structure de l'écorce houillifiée
de Cordaïtes.

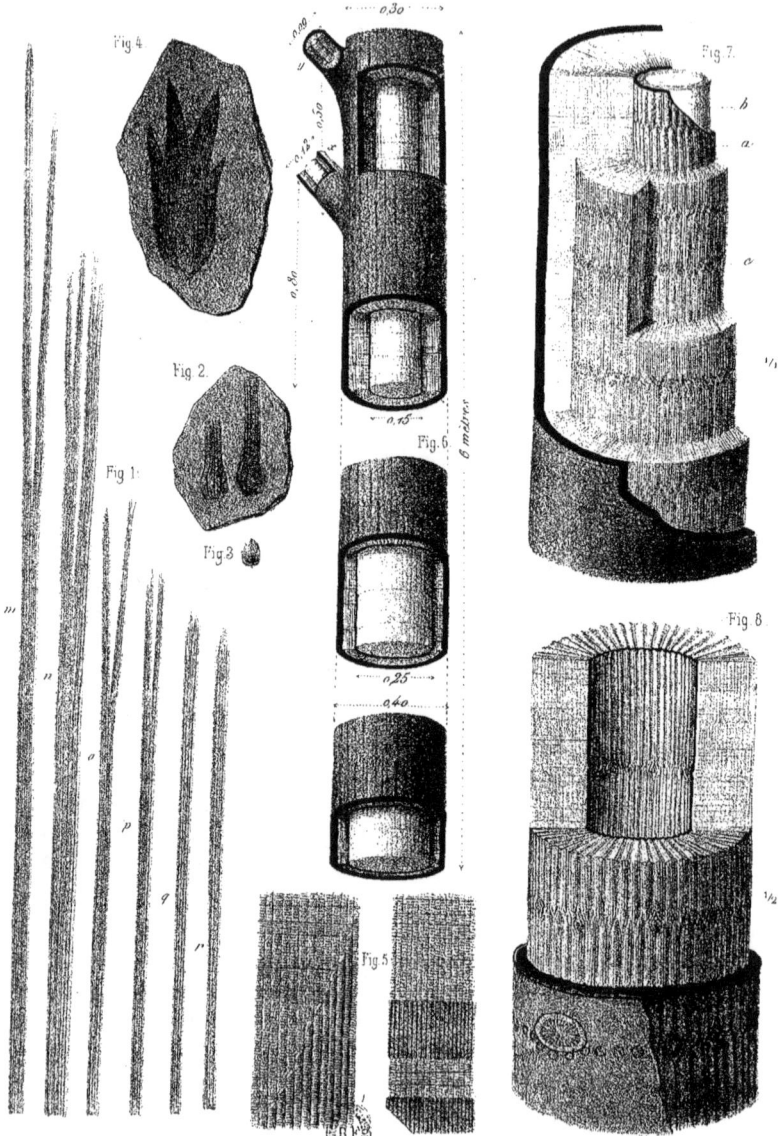

Fig. 1. *Dicranophyllum striatum.*

Fig. 6 et 7. *Tige et branche d'Arthropitus sub communis*, Bin.

Fig. 8. *Tige restituée de Calamodendron.*

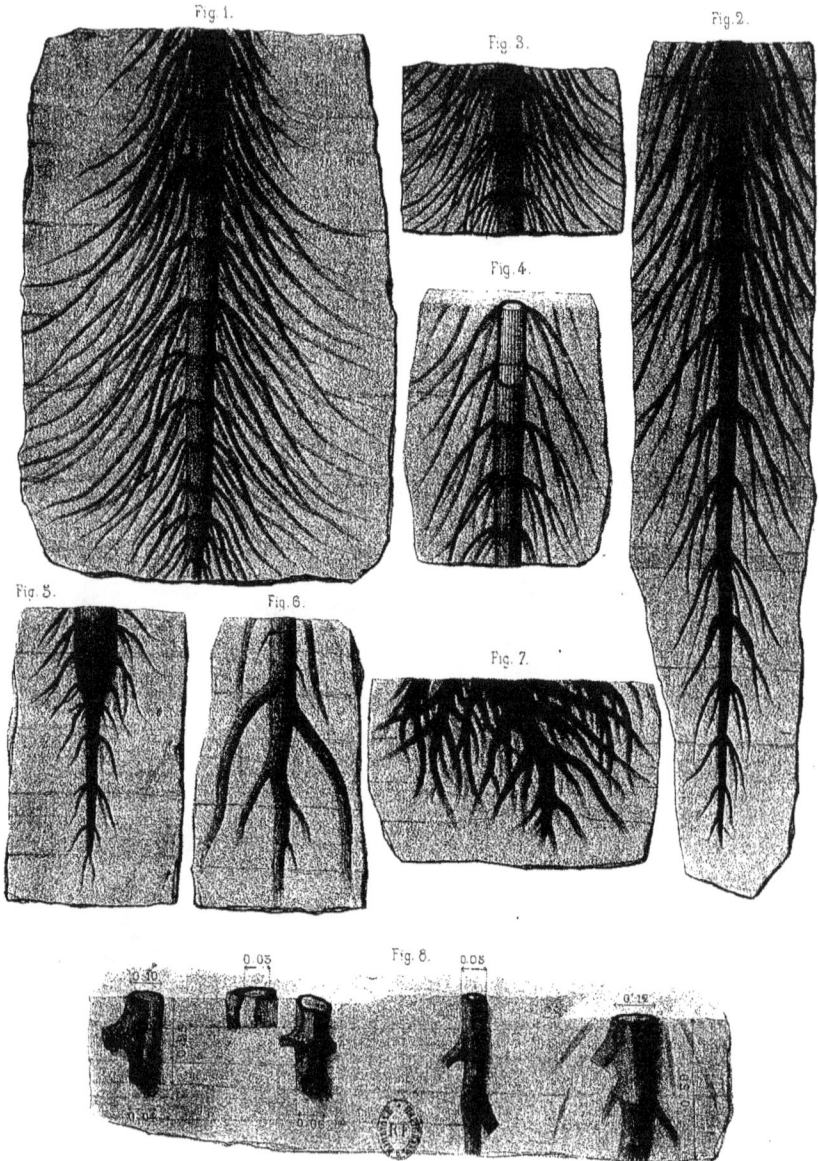

Fig. 1.

Fig. 3.

Fig. 2.

Fig. 4.

Fig. 5.

Fig. 6.

Fig. 7.

Fig. 8.

0.30

0.03

0.08

0.12

Ch. Cuisin, lith.

Imprimerie Nationale.

Calamodendron rhizodola. Gr.

Mémoires présentés par divers Savants à l'Académie des Sciences Tome XXIV.

Pl. XXXII.

Fig.1. *Macrostachya infundibuliformis*. Bronn.   Fig.2. *Asterophyllites densifolius*.
Fig.3. *Ast. viticulosus*.   Fig.4. *Bryon*.

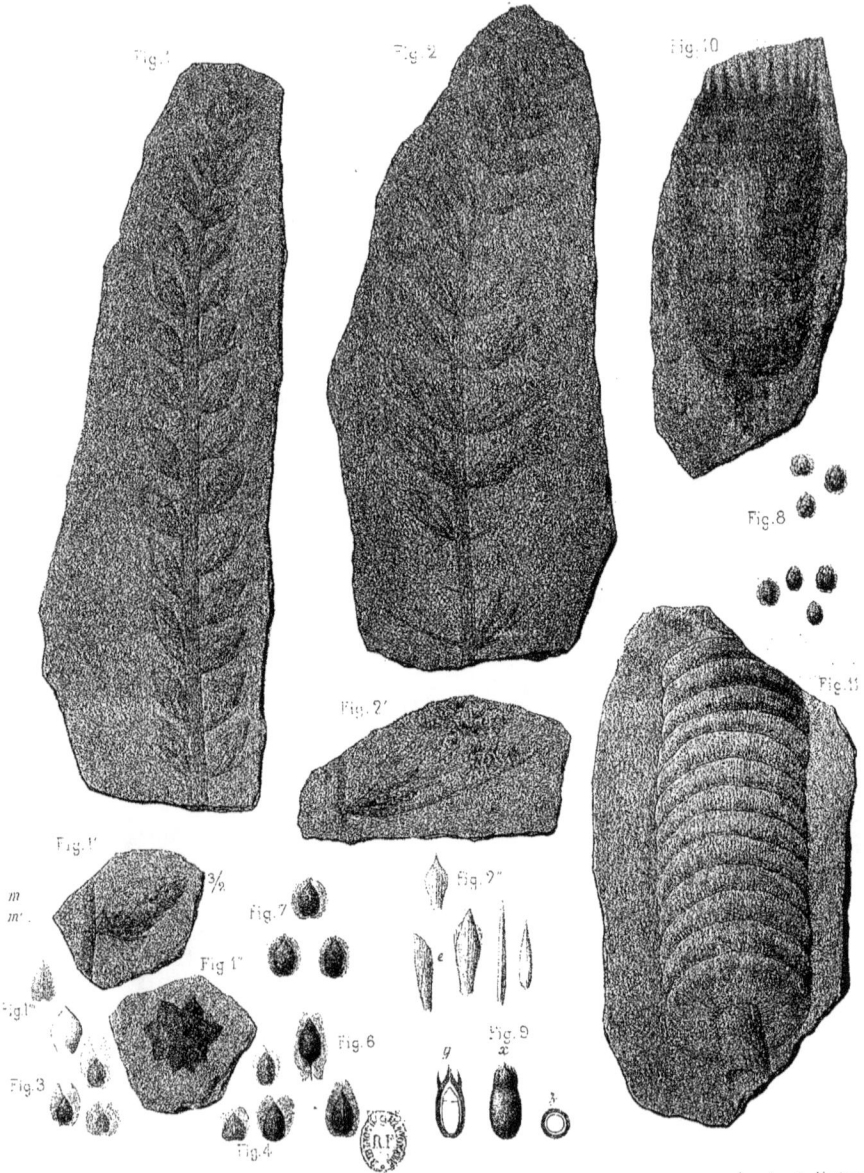

Fig. 1. *Botryoconus femina*.   Fig. 2. *Botryo. mas*.

Fig. 5 et 6. *Sam. subacuta et dubia*   Fig. 7 et 8. *Carpolithes granulatus et socialis*.

Fig. 3 et 4. *Samaropsis fluitans Weiss et forensis*.

Fig. 9. *Stephanospermum akenïoides*. Br

Fig. 10 et 11. *Macrostachya Huttonïoides et egregia*.

Pl. XXXIV.

Au Trève.

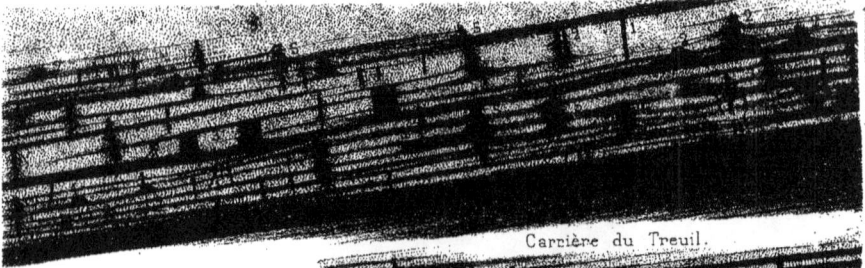

Carrière du Treuil.

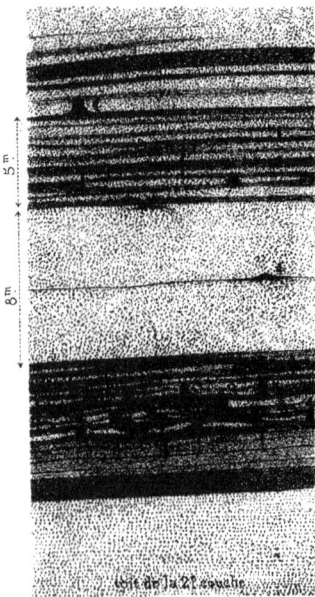

2ᵉ couche.

Carrière
du Grand-Coin.

5ᵐ

8ᵐ

(toit de la 2ᵉ couche)

Tranche de terrain à Roche-la-Molière.

6ᵐ

Circonstances
de Gisement.

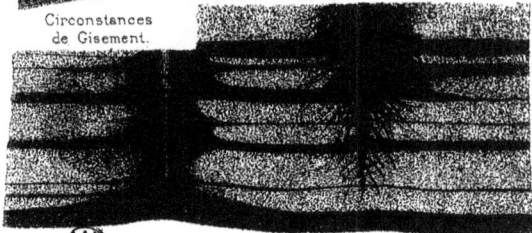

Légende. 1 Calamites.
2 Psaronius.
3 Sigillaires.
4 Cordaïtes.
5 Calamodendron.

Ch Cuisin lith.

imprimerie Nationale

Coupes de plusieurs forêts fossiles des environs de Saint-Étienne.

FILICACÉES PÉCOPTÉRIDÉES, NÉVROPTÉRIDÉES
PHYLLOPTÉRIDÉES

LEPIDODENDRON, SIGILLARIA ET STIGMARIA

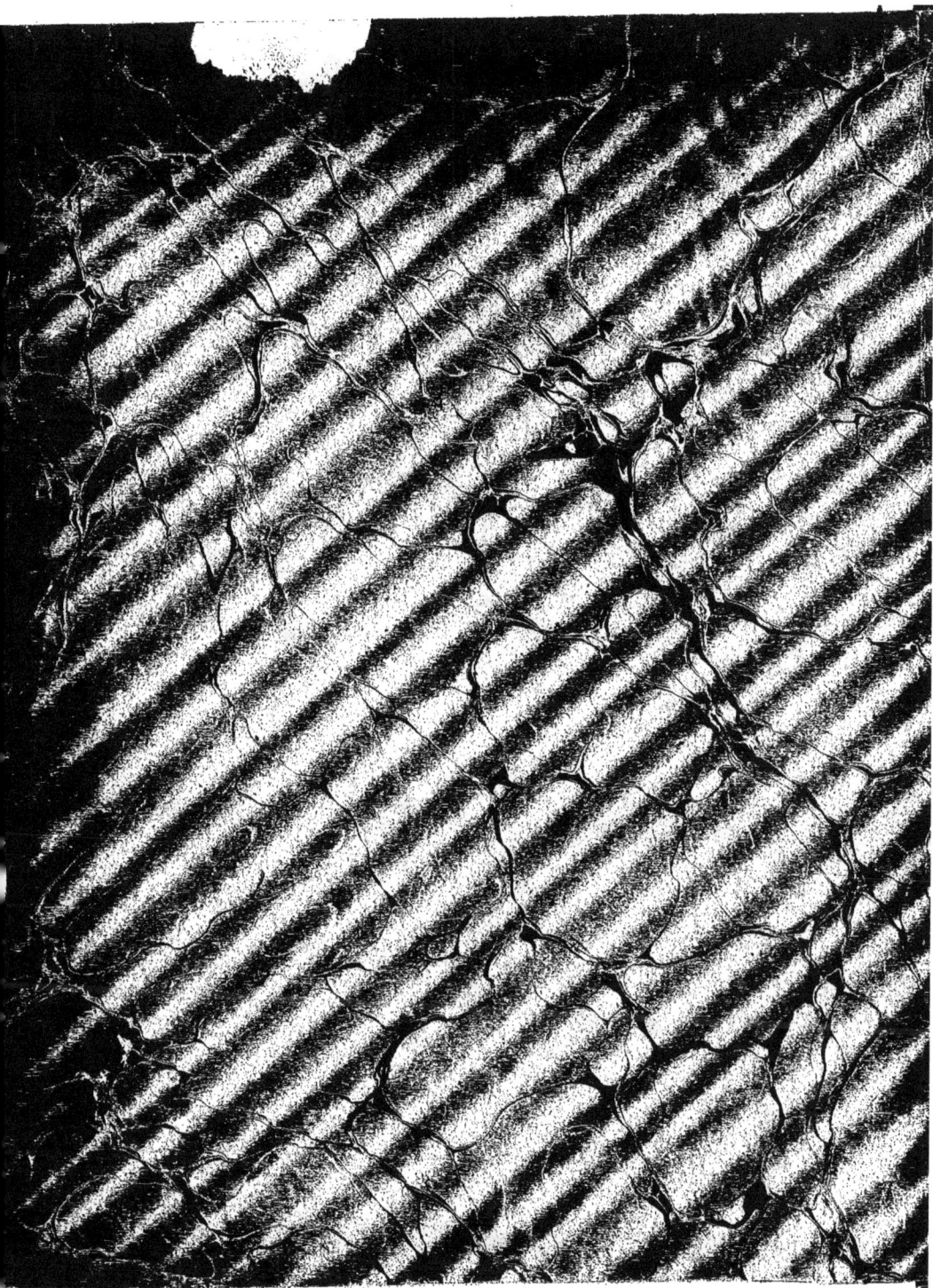

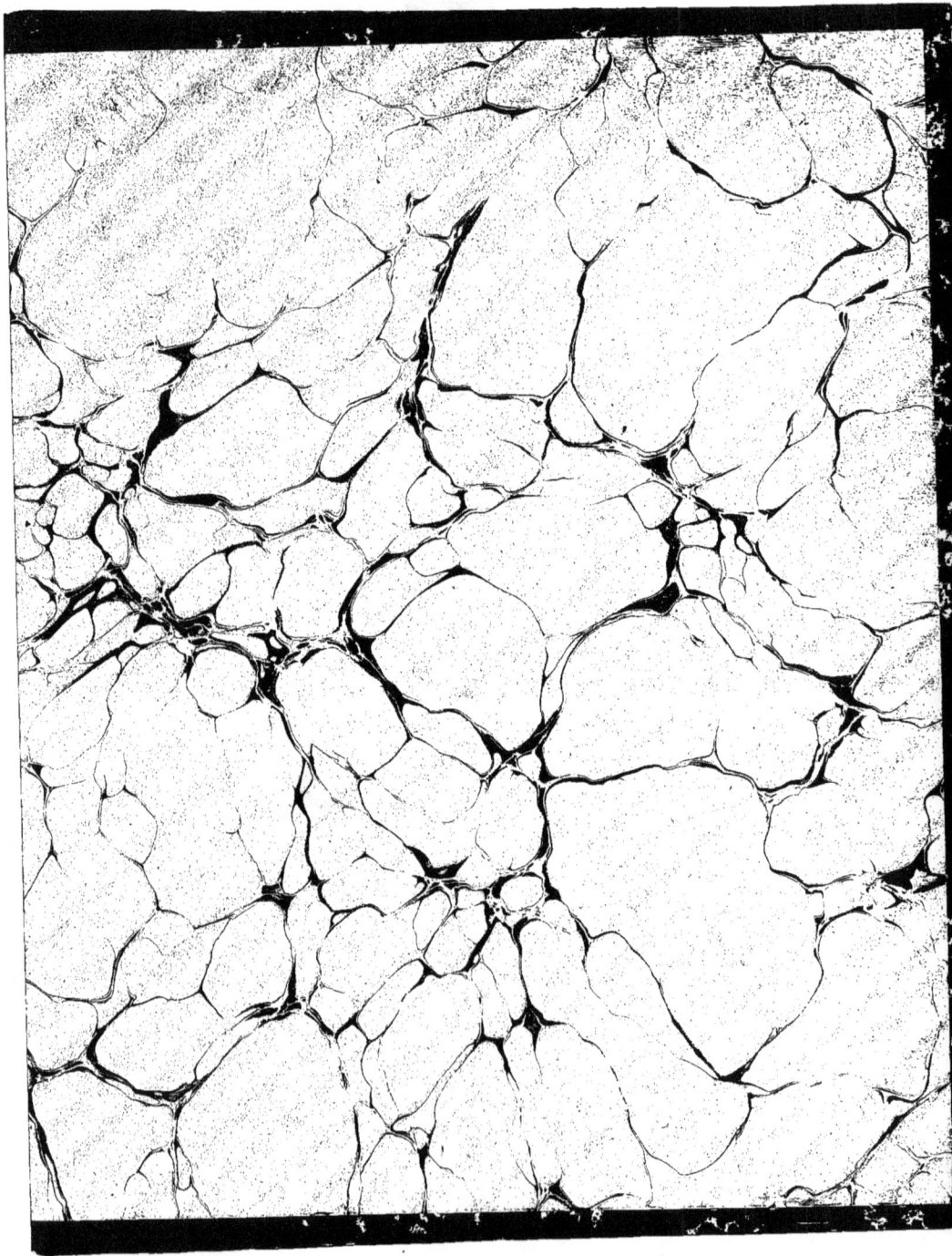